古今农业漫谈

林正同 主编

中国农业出版社

编　辑　委　员　会

【前 言】

农业是人类的衣食之源、生存之本，是一切生产的首要条件。农业为其他部门提供粮食、副食品、工业原料和出口物资，是国民经济的基础。农业与人们的生活紧密相关，我们穿的衣服、喝的牛奶、吃的面包、居住的房屋等无不与农业密切相关，农产品在我们的生活中无处不在，并为人们创造出日臻美好的生活。但是，在当今社会，不少人忽视了农业的重要性，对农业的相关知识了解甚少，甚至连衣食的来源都不甚明白。作为农业科普工作者，有必要向公众传播农业科普知识，回答衣食的由来。

中国自古以农立国。农业作为最重要的生产部门和国民经济的基础，为人们提供生活必需的粮食和副食品，为轻工业部门提供原料。中国是世界农业发源地和栽培植物起源地之一，也是世界上最早种植麻类并掌握丝绸纺织技术的国家。起源于中国的作物品种有粟、黍、稻、大豆、萝卜、白菜、葱、杏、梅、山楂、银杏、茶等136种，占世界主要栽培植物的20.4%。

在过去的几千年里，我国传统农业取得了许多辉煌成就，创造了灿烂的中华农耕文明。人们不断总结积累前人的生产经验，发明了二十四节气来指导农业生产。探索和改进传统农具，提高生产效率，从刀耕火种到铁犁牛耕，逐渐形成了"精耕细作"的传统农业综合技术体系。

精耕细作技术在古代中国农业的发展过程中表现出强大的生命力。但由于封建土地所有制的制约，中国长期处于"自给自足"占主导地位的小农经济社会，这也成为中国封建社会长期发展缓慢的重要原因。

科学技术的进步，推动了社会文明进一步发展。新中国成立以来，我国粮食作物种植面积和产量有了大幅度的提升，充分显示了我国劳动人民的聪明才智，使中华民族能够屹立于世界之林。

但是，关于农业，很多人的印象里还停留在中国是一个"地大物博、资源丰富"的农业大国思维中。实际上，中国的人口基数很大，人均占有资源的数量很小。中国有960万平方千米的国土，但农业土地资源严重不足，耕地、林地、草地只占陆地总面积的50%左右。截至2006年10月31日，全国耕地面积为18.27亿亩，人均耕地面积1.39亩，仅为世界人均面积的1/3。人均草地面积不到世界人均水平的1/2；人均林地面积为世界人均水平的1/8。

中国是一个水资源短缺的国家，人均淡水资源仅为世界人均水平的1/4，居世界第121位，是全球人均水资源最贫乏的国家之一。目前全国600多个城市中，有400多个城市缺水，其中100多个城市严重缺水。

最新研究表明：在全球每年的淡水使用中，农业消耗占到了惊人的92%。有约27%用于生产粮食，如小麦、水稻和玉米；而肉类和奶制品则分别占22%和7%。水资源短缺并不断被污染将是21世纪中国农业生产所面临的重大挑战。

谈到农业，很多人都知道环境是制约农业生产的重要因素，但却不清楚农业对环境有多大的影响。实际上，农业的快速发展也造成了生态环境的恶化。一个令人不安的统计数据是：我国化肥平均用量是发达国家化肥安全施用上限的2倍，肥料利用率不到40%，一大半化肥不但没有发挥作用，反而成为新的污染源。我国每亩农田平均施用近1千克农药，有60%~70%的农药残留在土壤中，成为污染源。我国每年约50万吨农膜残留于土壤中，其在土壤中降解时间超过100年，被形容为"白色恐怖"。

农业已经成为影响环境不可忽略的一个重要因素。人类一些看似无意的行为，会对环境产生较大的影响，进而影响着农产品的质量，并最终波及人类健康。农业生产中含有大量有机质、农药和化肥的污水随表土流入江、河、湖、库，使2/3的湖泊受到不同程度富营养化污染的危害。近年来频频曝光的农产品农药残留和因环境造成的农作物重金属含量超标事件，让人们感受到了环境的压力和焦虑。

近年来，农产品质量安全问题频发，农业及其制品影响人们食品安全的问题，日益成为全社会关注的焦点和挥之不去的阴影。人们为食物的安全而焦虑，对食品安全陷入迷茫之中。据2012《小康》杂志和清华大学媒介调查实验室发布《2010—2011消费者食品安全信心报告》显示，有近七成人对中国的食品安全状况没有安全感。但是更多的人在媒体宣传下，对一些问题的认识似是而非，惶恐不安，却又不知所以然。如超六成的中国消费者（62.8%）对转基因食品没有安全感，但84%的受访者承认，对于什么是转基因不甚了解，却有接近2/3的人倾向于购买非转基因食品。

对食品添加剂的认识亦是如此。在过去几年里，食品安全问题频频曝光，不断挑战着人们的心理承受能力。而在频发的食品安全事件中，食品添加剂这个伴随现代食品科技发展而迅猛成长的行业，正面临着前所未有的质疑。实际上，食品安全事件并不是食品添加剂本身的错，而是食品添加剂被滥用和违法添加非食用物质的行为。食品添加剂成了很多食品安全事件的"替罪羊"。

当"健美猪"、"染色馒头"、"塑化剂饮料"、"地沟油"、"毒豆芽"、"金黄色葡萄球菌水饺"、"蒙牛涉癌门"等敏感词汇一次次触碰消费者的敏感神经时，消费者就会下意识地认为所有食品添加剂都存在安全隐患。消费者对于食品安全产生"信任危机"，一方面是缺少对食品安全的科学认识；另一方面是消费者接受了许多错误的信息。在这些信息的刺激下，人们所产生的愤怒情绪阻碍了对新闻中所述事实真相的探究。

真相需要科学传播，对食品行业的"信任危机"还需要科学普及来化解。

科技改变生活。科技也是实现农业持续稳定发展、确保农产品有效供给的根本出路。

在现代农业中，科技创新作用的发挥从根本上决定着农业发展的速度和质量。比如，19世纪40年代植物矿质营养学说的创立，有力推动了化肥的生产与使用，极大地提高了粮食生产能力；20世纪初，杂种优势理论的应用，培育出了更多的动植物良种，已成为一项有效的农业增产手段。

有关研究表明，在现有的科技成果中，优良品种可以使农作物产量提高8%～12%；增施化肥并改进施肥方法可提高农作物产量约16%；耕作方法和栽培技术的革新使农作物增产4%～8%；而对农作物实施病虫害综合防治可挽回产量10%～20%。

根据农业部最新统计显示，我国近一半的农业增产来自科技的贡献。"十一五"期间，我国农业科技取得了一批具有世界领先水平的重大科研成果。超级稻、抗虫棉、矮败小麦、双低油菜、禽流感疫苗等，对农业增产起到关键作用。2011年我国粮食生产实现了历史罕见的"八连增"，这其中，农业科技的贡献率达到53.5%，农业科技功不可没。

现代高新技术在农业生产中的应用越来越广泛，并显示出了巨大的发展潜力。如转基因技术、杂交育种技术、克隆技术、航天技术、核辐射技术、生物技术、遥感技术等已经在农业生产上发挥了巨大作用，并深刻地影响了人们的食物结构、生活习惯与方式。

农业的根本出路在于科技进步。随着农业发展，科技进步的作用将更为突出。我国未来的农业发展出路在科技，潜力在科技，希望也在科技。科技创新是人类创造性的智力劳动。未来农业科技创新的核心目标，就是开辟人类高品质生活的健康时代。

农业，这个最为基础，也看似最为简单的产业正孕育着天翻地覆的变革，在高新技术的支撑下，以它潜藏的、不可思议的强大生命力支撑着未来。

从科技发展的趋势看，未来农业将从"平面式"向"立体式"发展；设施型的农业工厂化生产将大行其道。电子计算机智能化管理模块系统在农业上的应用，将使农业现代化管理更上新台阶。农业将进入一个崭新的绿色、洁净的时代，同时，未来农业还将向宇宙拓展。

科技将让未来农业更令人期待！

本书是中国农业博物馆基本陈列的农业科普类读物。作者试图用轻松的语言、准确的叙述，把高深的理论或技术变成通俗的科普知识，帮助读者了解中国农业的历史与未来、传统与现代。

书中有关农业科学新进展的介绍，向读者传达的不仅仅是知识，更重要的是发现的过程。作者努力将一线专家的声音传递给公众，尤其是将最新的研究成果甚至是科学前线正在发生的故事，及时告诉公众，向公众普及，希望能引发读者兴趣，增强人们对科学技术的理解。

本书在表述上尽量淡化专业色彩，用浅显的语言表达复杂的科学原理，把最前沿的理念灌输给读者，让科学知识深入人心。

如果本书能够起到普及相关农业知识，答疑解惑的效果，那便是最值得作者欣慰的事了。

编　者

2012 年 9 月

【目 录】

第一章

农业的源流

就世界范围而言，人类文明始发于农耕阶段。换句话说，农耕文明的产生就是人类文明的开始。

农业生产是由采集狩猎转变而来的。农业的出现标志着人类由被动适应自然向主动改造自然迈出了划时代的一步，自此揭开了人类历史的一个崭新篇章。农业生产与采集狩猎的最大不同在于，人类可以在有限的资源空间内自主地获得充足的、比较稳定的、但品种相对单一的食物。其结果，刺激人口大幅度增长，加快人类社会发展，为古代文明社会的形成创造了物质条件和经济基础。

世界有四大农业起源中心区，即西亚、中国、中南美洲和非洲，现今世界赖以生存的主要农作物品种和家养动物品种都是起源于这四个中心区。例如，起源于西亚中心区的代表性栽培作物有小麦、大麦、豌豆、蚕豆、亚麻等，驯化动物有狗、山羊、绵羊和牛；起源于中国的代表性栽培作物有水稻、粟（谷子）、黍（糜子）、大豆、大麻等，驯化动物有狗、猪和鸡；起源于中南美洲的代表性栽培作物有玉米、马铃薯、花生、菜豆、刀豆、南瓜、棉花等，驯化动物有驼羊；起源于非洲的代表性栽培作物有高粱、非洲稻、非洲小米等，驯化动物有驴。

黍

碳化黍粒

我国是世界上最早的文明古国之一，有文字可考的历史大约在五千年左右，但却有近万年的农耕文明历史。中国自古"以农立国"，中国的农耕史实际上也就是中华文明史。

作为农业起源中心区之一，我国的黄河流域和长江流域是我国古代文明的发源地，是我国农业发展的摇篮。中国的农业起源细分为两条独立的源流：一是以黄河中下游地区为核心的、以种植谷子和糜子两种小米为代表的北方旱作农业起源；二是以长江中下游地区为核心的、以种植水稻为代表的稻作农业起源。

我国古代劳动人民创造了光辉灿烂的农业文化，在生产工具、作物栽培、灌溉用水、轮作换茬、土壤施肥以及季节气候等方面都有独到的创见和发明。

第一节 早期农业的发祥地

中国是早期人类的生存地之一。旧石器时代是人类文化的童年，是人类历史上最长的一个时期。中国的旧石器时代文化出现于180万年前到距今1万～2万年。1961年和1962年，考古学家在黄河岸边的山西芮城县西侯度村后面一座名叫"人疙瘩"的小土山上发掘出成批的动物化石和 30 余件石器，带切割和刮削痕迹的鹿角和火烧过的骨头等。这就是迄今所知我国最早的旧石器时代文化——西侯度文化。

山西芮城旧石器遗址

旧石器时代的劳动工具在早期主要是打制石器和加工石器。在西侯度有刮削器、砍砸器和三棱大尖状器等三大类型，石器的制造工艺已达到一定的水平。旧石器时代中期打制石器技术明显提高，石器类型也不断增多，同时又新出现了木棒或骨棒打片的技术。旧石器时代晚期文化遗址在中国许多地方都有发现，其中较著名的有北京的山顶洞人。这个时期的石器呈小型化趋势，骨、角器也相当发达。尤其是骨针，其细小的孔眼，圆滑的针身，几乎和后来的针没有太大的区别。针的出现是一项重要的发明，意味着人类已经学会缝制衣服，御寒保暖了。

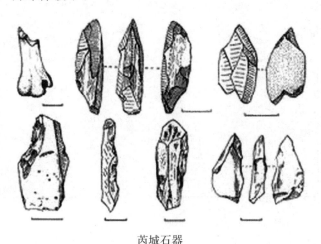

芮城石器

早期人类主要靠采集树叶、野果为生。石器的发明开始了他们狩猎的生活方式。到旧石器时代晚期，人类掌握了捕鱼的技术，鱼类成为当时人的重要食物之一。辽宁海城小孤山遗址发现有倒刺的骨鱼叉，表明人类已经掌握了较高的捕鱼技术。这种谋生技能上的改进，扩大了人类活动的范围。他们不必只靠森林而活，在河谷、湖畔地带他们同样能很好地生存。

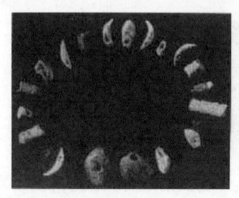

山顶洞人的骨饰品

早期人类发展中一件划时代的大事是掌握了控制火的技能。

大约在公元前 8000 年—前 3500 年，人类开始进入新石器时代。新石器时代是以农业、家畜饲养业、陶器和磨制石器为特征的时代。从这时开始，人类不再单纯地依赖大自然，而是开始能够开发大自然了。发达的生产经济促进了文化的繁荣，带动社会关系迅速发生变革，为文明社会的最终产生奠定了必要的基础。

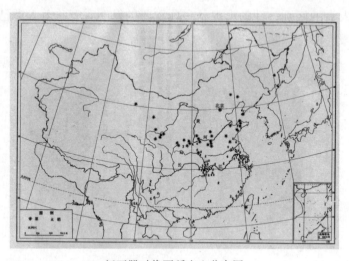

新石器时代粟稻出土分布图

我国考古成果表明，长江流域以湖南道县玉蟾岩（公元前 2.05 万～前 1.65 万年）是人类最早的农耕文明遗址，相继发展的是江西万年仙人洞（距今 1.4 万年）、广东英德牛栏洞（距今 1.2 万～0.8 万年）、浙江上山（距今 1 万年）等上万年的稻作文明遗址，都彰显长江流域稻作文明向周边推移扩散的态势。以长江流域水稻农耕文明为基奠，向上发展的黄河流域早期文明大多也是水稻农耕文明或水稻与其他农作物兼营的农耕文明，如距今近9000年的河南舞阳贾湖水稻农耕遗址和仰韶文化甘肃庆阳、龙山文化陕西扶风等稻粟混作农业文明。

在新石器时代前期中国已经形成不同的地域文化，基本奠定了史前时代中国大地的格局，在此基础上产生了中国的文明。主要的区域文化有黄河流域文化、长江流域文化和北方文化。黄河流域的文化是以公元前5000—前3000年的仰韶文化为典型。仰韶文化以1921年发掘的河南渑池县仰韶村遗址而命名，现已发现遗址1 000多处，村落多数布局严密，房屋形态繁多，早期多为半地穴式，中、晚期基本都是地面建筑。

河姆渡遗址

长江流域以公元前5000年—前3000年的河姆渡文化为代表。河姆渡文化是以浙江余姚县河姆渡遗址而命名的，以精巧的木器和榫卯构件最具特征，房屋主要是杆栏式建筑。

北方文化以公元前6200—前5500年的兴隆洼文化为典型。该文化是以内蒙古敖汉旗兴隆洼遗址命名的，居民多住在半地穴房屋中。此外，在东北、西北、西南和华南等地区也发现了这一时期人类活动的遗址。

考古发现表明，中国是世界农业的重要起源地之一。据统计，全世界主要粮食作物、经济作物、蔬菜、果树等共有666种，起源于中国的就有136种，占20%。最引人注目的发现是1973—1974年在浙江余姚县河姆渡

河姆渡出土的稻粒

遗址中出土的大量稻谷遗存。在不到 400 平方米的范围内，稻谷、谷壳、稻秆、稻叶等交互混杂，形成 20～50 厘米厚的堆积层。

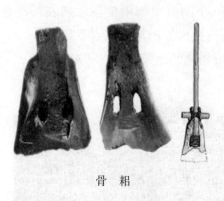

骨耜

早期的农业种植技术极为简单，一般只有播种和收获两个环节。后来，人们发现，凡是在种前被火烧过的地方谷物长得特别好，于是便有意识地先放火烧荒，然后再播种。这种耕作方式被称为"刀耕火种"。刀耕火种的农业产量很低。早期人类在不断的实践中逐渐认识到，烧荒以后还需要翻耕田地才能提高产量，于是就发明了挖土翻土的工具——耒耜，从此人类进入耜耕农业的时代。河北磁山遗址中出土过石耜，河姆渡遗址中出土了很多骨耜，表明我国在距今七八千年前就已进入了耜耕农业阶段。

烧制陶器也是新石器时代开始的重要标志之一。

公元前 3500—前 2300 年是新石器时代后期中国文明起源的关键时刻。这时农业、畜牧业生产都较以前有了很大的发展，为社会生产的分工和一系列文明因素的萌发提供了基础。

在世界文明史上，城市的出现宣告了文明的到来。根据考古发现，我国城市的起源起码可以上溯到公元前 2500 年。据统计，目前在长江流域发现的年代最早的古城有五座，属于长江中游的屈家岭文化。在黄河流域，建造于公元前 2300 年以前的早期古城已发现十几处。在内蒙古也发现了不少规模不大的早期石城。1979 年在河南淮阳县平粮台发现一座龙山文化中、晚期古城，这座古城甚至有排水系统，城市设施已较为进步。

从大量可考的材料来看，公元前 3500—前 2300 年是中国社会的大激荡、大转变时期。在此期间，至少是中、东部地区，在经历了文明因素的积累期和文明社会的孕育期之后，最终跨入了文明社会的门槛。或者说，这一时期的中华巨人，她左脚虽然仍旧踏在氏族社会的土地上，但右脚却已经迈入了初级文明社会的大门里。

第二节 神农与早期中国农业

大约在一万年前，中国人类从狩猎采集阶段进入农业社会。

在文字出现以前，关于农业只有一些神话传说，这些神话传说是靠口头方式，世代相传，有史以后的文字记载也是搜集记述传说中的神话故事而成。中国汉族地区流传甚广的农神是神农和后稷。

神农执耒图

农业是由创造农业的神教授给人们的，所以人们尊之为农神。中国民间传说中的农神是发明农业的三皇五帝。神农就是中国古史传说中肇创农业的三皇之一。

相传神农因天之时，分地之利，制造农具耒耜、教民稼穑饲养、发明制陶、纺织和医药，使百姓有了稳定的食物来源，是一个对中华民族颇多贡献的传奇人物，故被后世尊为"农业之神"。史载：神农"教民农作，神而化之"。汉书说"神农。神者，信也。农者，浓也。始作耒耜，教民耕种，美其衣食，德浓厚若神。"

中国古史中"神农氏"，正是原始种植业发生时的人物。中国农业从其产生之始，就是以种植业为中心的。在长期的采集生活中，对各种野生植物的利用价值和栽培方法进行了广泛的试验，逐渐选育出适合人类需要的栽培植物来。从"尝百草"到"播五谷"和"种粟"，就是这一过程的生动反映；而所谓"神农尝百草，一日遇七十毒"，则反映了这个过程的艰难和充满风险。神农氏"因

神农尝百草（采自明刊本《三才图会》）

天之时，分地之利，制耒耜，教民农作"而成为农业的始祖。为了使农业经济得以确立，要有相应的工具的创造，反映在传说中就是神农氏创制斧斤耒耜，"以垦草莽"。所谓"神农氏"的传说，正是这一时代中国农业的反映。

在原始农业时代，中国广阔的地域上活动着许多大大小小的族群，他们各有根据其生活经验而形成的农业起源传说，供奉各自的农神，其中能被后世记载并保存下来的寥寥无几。后稷是中国有史记载最早的农神，但因原始农业时代众多族群的各种发明创造，逐渐被集中到"神农"身上，并不断被归附完整化，神农地位便超出后稷而成为中国农业的主神。关于神农的神话传说反映了中国原始时代从采集、渔猎进步到农业生产阶段的情况。

因此，"神农"实际上是一个时代的符号，而非具体的人物，神农虽非实有其人，但确有其事，代表了浓缩化和拟人化的原始农业时代。

中国历史上第一个王朝是夏王朝。据说唐尧授政权予虞舜，舜又传位给夏禹，禹死后，由他的儿子启继承了天下，从此便开创了一直延续到清朝的"家天下"。夏代是我国第一个有文字记载的国家，标志着中国已经进入了文明社会。

夏小正

夏代的物质文化与科学技术比以前有更新的发展和提高。农业、畜牧业和各种手工业都有了很大成就。农业生产与季节、天象有着极为密切的关系，我国古代的天文历法知识，就是在农业生产的实践中不断积累起来、又直接为农业生产服务的。著名的《夏小正》就是一部利用节气来指导农业生产的中国现存最早的农事历书。

《夏小正》按夏代十二个月的顺序，分别记述每个月的星象、气象、物象以及所应从事的农事和政事。其星象包括昏中星（黄昏时南方天空所见的恒星）、旦中星（黎明时南方天空所见的恒星）、晨见夕伏的恒星、北斗的斗柄指向、河汉（银河）的位置以及太阳在星空中所处的位置，等等，在一定程度上反映了夏代农业生产的发展水平。《夏小正》是中国现存最早的科学文献之一。

关于农业的发展，我们又可从当时发达的造酒业看出来。在我国古代史籍中有许多关于中国造酒业始于夏代的记载。而考古发现证明，夏代各地均有大量酒器，而且制作精细，配合成套。可以认为，夏代造酒业的发达，既标志着农业生产的发展，也标志着礼制的日趋完善。

商代以后，中国的青铜文明达到了炉火纯青的成熟阶段。

上述资料表明，中国农业文明有着非常悠久的历史。中国人的祖先靠自己的双手，经由旧石器时代和新石器时代，创造出了一个灿烂的文化，成为举世闻名的四大文明古国之一，直到今天依然焕发着璀璨的光芒。这是值得我们所有炎黄子孙骄傲的。

第三节　从刀耕火种到铁犁牛耕

中国原始农业的发展距今已有七八千年历史了。原始农业的主要耕作方式是"刀耕火种"。"刀耕火种"是新石器时代残留的一种原始的农业耕作方式，属于原始生荒耕作制。其突出特点是人们在进行农业生产的时候，用各种原始刀器砍伐地面植被来拓荒。经过火烧的土地变得松软，不用翻地就可挖坑下种。焚烧过的树木灰烬成为作物生长的肥料，种植数年便撂荒，易地再种，等自然恢复植被后，再砍树、烧荒、种植作物，如此反复。

据《国语·鲁语上》说："昔烈山氏之有天下也，其子曰柱，能殖百谷百蔬。夏之兴也，周弃继之，故祀以为稷"。"烈山氏"可以理解为放火烧荒，"柱"可以理解为点种棒，象征挖穴点种，这正是原始刀耕火种的两个相互连接的主要作业，因此，"烈

刀耕火种

山氏"和"柱"的传说实际上是原始农耕方式的生动描述。

我国黄河中游仰韶文化区早在公元前 5000—前 3000 年就采用刀耕火种、土地轮休的方式种植粟、黍。战国时期，云南土著民族广泛采用刀耕火种的耕作方式，公元前 1 世纪以后，随着移民屯田，滇中、滇西地区刀耕火种逐渐减少，但边远山区仍保留此种耕作方式。随着生产工具由石刀、石凿、石斧、木棒进化到铁制刀、锄、犁，种植作物由单一的稻谷演变为稻、麦、豆、杂粮乃至甘蔗、油料等经济作物，耕作方式也随之由刀耕火种、撂荒发展到轮耕、轮作复种和多熟农作制。即便是现在，世界上还有很多偏僻贫穷的地方保留着这种落后的毁林开荒的原始生产方式。

刀耕火种所反映的是一种原始的农耕文化，是原始人类进行农业生产的一种社会存在形态。其特点是生产方式的初级化，耕作水平的低下化。

牛耕画像

原始农业先是简单模仿自然界植物生长过程，进行播种和收获，后来变成了原始的耕种方式"刀耕火种"。据考古出土的实物来看，原始农业使用的工具主要有石刀、石斧之类，这些都是用来砍伐树木的。随着农业生产力水平的发展和松土工具——耒耜的出现和普遍使用，人们开始脱离刀耕火种的耕作方法，进入了"耜耕"农业阶段。

商周时期，虽然出现了青铜农具，但在农业上还很少使用。农业生产中主要使用木制耒耜、石锄和石犁，即：主要耕作方式是"耜耕"或"石器锄耕"。但由于掌握了开沟排水、除草培土、用杂草沤制肥料（施肥）、治虫灭害等农业生产技术，肥沃的土地可以连续耕作，贫瘠的土地也可以在休耕一两年后轮耕，能有效提高土地利用率，并获得较好的收成。

相对而言，"耜耕"和"火耕"时期原

始农业生产方法都十分简单。这样的农业生产只有"种"和"收"两个环节，土壤营养的平衡完全依赖自然植被的自我恢复，属于掠夺式的生产。由于那时人口较少，人们对自然的需求不高，而且生产力低下，因而原始农业的生产还没有超过自然的负荷能力和恢复能力，人对自然生态系统的破坏很小。

随着人口数量和人类对自然要求的增加，及农业生产工具的改进，中国开始进入到传统农业阶段，即"铁犁牛耕"时期。

春秋战国时期，我国的农具有了突破性的发展，出现了铁制农具。铁犁牛耕技术开始在农业上应用，古代农业开始进入精耕细作时期。铁犁牛耕技术的应用大体上经历了几个阶段：春秋战国时期开始使用并逐渐推广铁农具和牛耕；西汉时期赵过推广两牛三人的耦犁法；西汉后期出现两牛一人的二牛抬扛法；后来又在犁上安装犁壁，使铁犁可以朝着同一个方向翻土；东汉时期铁犁牛耕推广到珠江流域；隋唐时期，江东地区出现曲辕犁，并安装了犁评。至此，我国耕犁技术日趋完善，并一直为后世所沿用。

牛 耕

铁犁牛耕技术还与其他农业技术结合，通过整地、育苗、除草、施肥、灌溉等综合技术措施，在向自然索取农业产品的同时，也给予农业生态系统一定的补偿（主要使用有机粪肥），大大提高中国古代农业生产水平。提高土地利用率和土地生产率，是传统农业的发展目标。为了提高土地利用率，西周时期，实行了垄作法；西汉时实行代田法，还采用轮作倒茬和间作套种方式；宋代以后，江南地区形成稻麦轮作的一年两熟制和一年三熟制。为了提高土地生产率，人们通过改进耕作技术来提高单位面积产量，充分发挥土地潜力，在北方形成耕、耙、耱技术，在南方形成耕、耙、耖技术。

耕田图　　　　　　　　耙田图　　　　　　　　耖田图

汉代以后，铁犁牛耕成为我国传统农业的主要耕作方式，促进了我国农业的进一步发展，并成为我国精耕细作技术发展的基础。

以精耕细作农业技术的形成和发展为主要线索，中国传统农业大体经历了下述阶段：①夏、商、西周、春秋是由原始农业形态向精耕细作的传统农业形态过渡的时期，主要特点是与青铜工具、耒耜、耦耕相联系的"耜耕"农业；②战国、秦、汉、魏晋南北朝是精耕细作农业技术的成型期，主要特点是形成以耕、耙、耱为中心的旱地农业技术体系；③隋、唐、宋、辽、金、元是精耕细作农业技术的扩展时期，主要特点是形成以耕、耙、耖为中心的水田农业技术体系；④明、清是精耕细作农业技术的持续发展时期，主要特点是应付因人口激增而出现的人口多、耕地少的矛盾，致力于增加复种指数和扩大耕地，土地利用率达到了传统农业的最高水平。

从刀耕火种到铁犁牛耕是农业生产力发展和耕作技术进步的结果。而精耕细作农业是对中国传统农业精华的一种概括，是传统农业的一个综合技术体系。中华民族创造了灿烂的古代农业科学技术，是当之无愧的传统农业的典范。传统农业的生产方式，第一次体现了人与自然的结合，具有一定的生态合理性。由于传统农业依靠农业内部循环来维持平衡，对自然的依附状态不可能得到根本改善，又由于传统农业分散经营和规模小，也难以合理地充分利用自然资源。

第四节 二十四节气与农事活动

二十四节气是我国古代黄河中下游地区的人们，在其生产实践中，不断地观察天象、气象、物候、气候的变化规律和特征，总结出来的一种用来指导农事活动的历法，是世界上最早的一部农业气候历法。

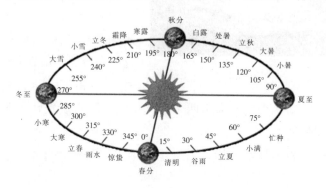

太阳在黄道上

中国是一个农业社会，农业生产需要根据太阳运行的情况进行。二十四节气就是根据太阳在黄道上的位置来划分的，反映了一年之中自然现象与农事季节特征的二十四个节候。即：立春、雨水、惊蛰、春分、清明、谷雨、立夏、小满、芒种、夏至、小暑、大暑、立秋、处暑、白露、秋分、寒露、霜降、立冬、小雪、大雪、冬至、小寒、大寒。

在距今四千年前的夏代，我国就有了"节气"的概念，经过两千多年的完善，在秦汉时期才建立健全了"二十四节气"这个古老的农业气候历法。

二十四节气是我国劳动人民独创的文化遗产，它能反映季节的变化，指导农事活动，影响着千家万户的衣食住行。农谚说："不懂二十四节气，白把种子扔地里。"意思是说如果不懂得二十四节气，不按节气种田，便不会务农，可见二十四节气对农业生产是多么重要。

从二十四节气的命名可以看出，节气的划分充分考虑了季节、气候、物候等自然现象的变化。

立春、立夏、立秋、立冬——是用来反映季节的，是一年春、夏、秋、冬四个季节的开始。"立"即开始的意思。公历上一般在每年的2月4日、5月5日、8月7日和11月7日前后。

春分、秋分、夏至、冬至是从天文角度来划分的，反映了太阳高度变化的转折点。

二十四节气圭

夏至、冬至——表示夏天、冬天到了。"至"即到的意思。夏至日、冬至日一般在每年公历的 6 月 21 日和 12 月 22 日。

春分、秋分——表示昼夜长短相等。"分"即平分的意思。这两个节气一般在每年公历的 3 月 20 日和 9 月 23 日左右。

雨水、谷雨、小雪、大雪四个节气反映了降水现象，表明降雨、降雪的时间和强度。

雨水——表示降水开始，雨量逐步增多。公历每年的 2 月 18 日前后为雨水。

谷雨——雨水增多，有利于谷类作物的生长。公历每年 4 月 20 日前后为谷雨。

小雪、大雪——开始降雪，小和大表示降雪的程度。小雪在每年公历 11 月 22 日，大雪则在 12 月 7 日左右。

惊蛰、清明反映的是自然物候现象，尤其是惊蛰，它用天上初雷和地下蛰虫的复苏，来预示春天的回归。

惊蛰——春雷乍动，惊醒了蛰伏在土壤中冬眠的动物。这时气温回升较快，渐有春雷萌动。每年公历的 3 月 5 日左右为惊蛰。

清明——含有天气晴朗、空气清新明洁、逐渐转暖、草木繁茂之意。公历每年大约 4 月 5 日为清明。

小　满

小满、芒种则反映有关作物的成熟和收成情况。

小满——其含义是夏熟作物的籽粒开始灌浆饱满，但还未成熟，只是小满，还未大满。大约每年公历 5 月 21 日为小满。

芒种——麦类等有芒作物

成熟，夏种开始。每年的 6 月 5 日左右为芒种。

小暑、大暑、处暑、小寒、大寒等五个节气反映气温的变化，用来表示一年中不同时期寒热程度。

小暑、大暑、处暑——暑是炎热的意思。小暑还未达最热，大暑才是最热时节，处暑是暑天即将结束的日子。它们分别处在每年公历的 7 月 7 日、7 月 23 日和 8 月 23 日左右。

小寒、大寒——天气进一步变冷，小寒还未达最冷，大寒为一年中最冷的时候。公历 1 月 5 日和 1 月 20 日左右为小、大寒。

白露、寒露、霜降三个节气表面上反映的是水汽凝结、凝华现象，但实质上反映出了气温逐渐下降的过程和程度：气温下降到一定程度，水汽出现凝露现象；气温继续下降，不仅凝露增多，而且越来越凉；当温度降至摄氏零度以下，水汽凝华为霜。

白露——气温开始下降，天气转凉，早晨草木上有了露水。每年公历的 9 月 7 日前后是白露。

寒露——气温更低，空气已结露水，渐有寒意。这一天一般在每年的 10 月 8 日。

霜降——天气渐冷，开始有霜。霜降一般是在每年公历的 10 月 23 日。

中国人在长期的农业生产实践中悟出一个道理：农业生产必须"顺应天时"，只有顺应天时，五谷方可丰登。要顺应天时，首先必须掌握农事季节，掌握气候规律，按季节、按气候规律务农。

为便于记忆，劳动人民在生产活动中将我国古时历法中二十四节气编成小诗歌流传至今，体现了我国古代劳动人民的智慧。

春雨惊春清谷天，
夏满芒夏暑相连，
秋处露秋寒霜降，
冬雪雪冬小大寒。
上半年是六廿一，
下半年是八廿三。
每月两节日期定，
最多只差一两天。

第五节 古代的"五谷"与"六畜"

"五谷"是粮食作物的统称。"五谷"之说最早出现于春秋战国时期，《论语·微子》："四体不勤，五谷不分"。五谷在古代有多种不同说法，最主要的有两种：一种指黍【shǔ】（今谓黄米）、稷【jì】（粟/今谓高粱）、麦、菽【shū】（豆类）、稻，见于古书《周礼·职方氏》；另一种指麻、黍、稷、麦、菽，见于古书《淮南子》。当时人们把大麻子当食物，所以麻归于粮食类；后来麻主要用于纤维织布，便不列为粮食类。两者的区别是：前者有稻无麻，后者有麻无稻。

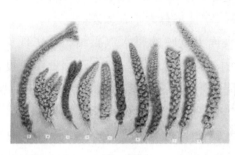

五 谷

考古工作者曾在陕西省西安市南郊出土的一枚木牍揭示了西汉时期人们所吃的"五谷"。这枚记有 177 字的长方形木牍长 23 厘米、宽 4.5 厘米、厚 0.4 厘米，文字主要以古隶体墨书书写，清楚地记载了当时的五谷是指粟、豆、麻、麦、稻。这与在秦汉时代专用于选时择日的《日书》中所记载内容基本一致。这枚木牍的出土，第一次明确了西汉时期陕西关中地区"五谷"的种类与名称。

古代经济文化中心在黄河流域，稻的主要产地在南方，而北方种稻有限，所以"五谷"中最初并没有稻。之所以出现分歧，是因为当时的作物并不止于五种，"百谷"、"六谷"和"九谷"说的存在就是一个明证，而各地的作物种类又存在差异。"五谷"说之所以盛行，显然是受到五行思想的影响所致。因此，笼统地说来，五谷指的就是几种主要的粮食作物。

"五谷"之说虽然相沿了两千多年，但这几种粮食作物在全国的粮食供应中所处的地位却因时而异。五谷中的粟、黍等作物，由于具有耐旱、耐瘠薄，生长期短等特性，因而在北方旱地原始栽培情况下占有特别重要的地位。至春秋、战国时期，菽所具有的"保岁易为"

特征被人发现，菽也与粟一起成了当时人们不可缺少的粮食。与此同时，人们发现可以利用晚秋和早春的生长季节种植冬麦，能起到解决青黄不接的作用，加上这时发明了石圆磨，麦子的食用从粒食发展到面食，适口性大大提高，使麦子受到了人们普遍的重视，从而发展成为主要的粮食作物之一，并与粟相提并论。西汉时期的农学家赵过和氾胜之等都曾致力于在关中地区推广小麦种植。汉代关中人口的增加与麦作的发展有着密切的关系。直到唐宋以前，北方的人口都多于南方的人口。但唐宋以后，情况发生了变化。中国人口的增长主要集中于东南地区，这正是秦汉以来被称为"地广人稀"的楚越之地。宋代南方人口已超过北方，南方人口的增加是与水稻生产分不开的。水稻很适合于雨量充沛的南方地区种植，唐宋以后，水稻在全国粮食供应中的地位日益提高，据明代宋应星的估计，水稻当时在粮食供应中占十分之七，居绝对优势地位，大麦、小麦、黍、稷等粮食作物合在一起，只占十分之三的比重，已退居次要地位，大豆和大麻已退出粮食作物的范畴，只作为蔬菜来利用了。但是在一些作物退出粮食作物的行列时，一些作物又加入到了粮食作物的行列，明代末年，玉米、甘薯、马铃薯相继传入中国，并成为现代中国主要粮食作物的重要组成部分。

现在通常说的"五谷杂粮"，是指稻谷、麦子、高粱、大豆、玉米，人们习惯地将米和面粉以外的粮食称作杂粮，所以五谷杂粮也泛指粮食作物。

"六畜"是六种家畜的合称，即指马、牛、羊、猪、狗、鸡。我们的祖先早在远古时期，根据自身生活的需要和对动物世界的认识程度，先后选择了马、牛、羊、鸡、狗和猪进行饲养驯化，经过漫长的岁月，逐渐成为家畜。"六畜"之称，由来已久。《周礼·夏官·职方氏》："河南曰豫州……其畜宜六扰。"郑玄注："六扰：马、牛、羊、豕、犬、鸡。"南宋王应麟编写的《三字经》中也有："马牛羊，鸡犬豕。此六畜，人所饲。"牛能耕田、马能负重致远、羊能供备祭器、鸡能司晨报晓、犬能守夜防患、猪能宴飨宾客。六畜各有所长，在悠远的农业社会里，为人们的生活提供了基本保障。

六畜兴旺（清代）　　　　　　　　河姆渡猪

古人还把六畜中的马、牛、羊列为上三品，这是因为：马和牛只吃草料，却担负着繁重的体力劳动，是人们生产劳动中不可或缺的好帮手，受到尊重；性格温顺的羊，在古代象征着吉祥如意，人们在祭祀祖先的时候，羊又是第一祭品，受到男女老少的叩拜，羊更有"跪乳之恩"，被尊为上品。而鸡在农业时代的家庭经济中，只起到拾遗补缺的作用，尽管雄鸡能司晨报晓，其重要性与牛马相比，也难争高下；猪除了吃和睡，整天无所事事，仅有"庖厨之用"；狗虽忠于职守，守夜防患，但也常招惹是非。所以鸡、犬、猪被列为下三品。

在中国人的传统观念中"六畜兴旺"代表着家族人丁兴旺、吉祥美好。所以，"五谷丰登"、"六畜兴旺"成为中国人传统节庆日的吉祥祝愿与期冀。

第六节 纺织的起源

中国古代的纺织技术具有非常悠久的历史。早在原始社会时期，古人为了适应气候的变化，已懂得就地取材，利用自然资源作为纺织的原料，制造简单的纺织工具来制作遮丑饰美、御寒避风、防虫护体的衣物。古史传说中国先民是从"不织不衣"、"而衣皮苇"，然后演变到"妇织而衣"的。

据考古资料，中国纺织生产习俗，大约在旧石器时代晚期已见萌芽。在北京周口店山顶洞人遗址中，发现有与服饰关系密切的1枚骨针和141件钻孔的石、骨、贝、牙装饰品。骨针长约82毫米，通体磨光，针孔窄小，针尖尖锐，证实距今约 2 万年左右的北京山顶洞人已学会利用骨针来缝制苇、皮衣服。这种原始的缝纫术虽不是严格的纺织，但却可以说是原始纺织的发轫，而真正纺织技术和习俗的诞生流行当在新石器文化时期。

《易经·系辞下》曰："黄帝、尧、舜垂衣裳而天下治"，所谓衣裳，便是指用麻丝织成布帛而缝制的衣服。这则记述反映的正是中国新石器时代纺织业诞生，麻、丝衣服开始出现并流行的真实情况。甘肃秦安大地湾下层文化出土的陶纺轮，表明原始的纺织业在西北

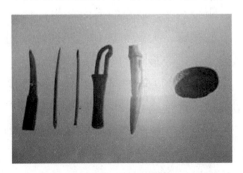

骨针与陶纺轮

地区新石器时代早期便已出现，距今已有 8 000 年左右的历史。

新石器时代中、晚期，原始纺织业开始呈现欣欣向荣、日新月异的大发展趋势。全国各地文化遗址普遍可见到与纺织有关的遗物，其中，最为重要的有：

距今近 7 000 年的浙江余姚河姆渡遗址，曾在出土的牙雕盅上发现刻划蚕纹四条，并发现麻的双股线痕迹，还出土了木质纺车和纺机零部件。

牙雕盅

距今约 6 000 年的江苏吴县草鞋山遗址，发现了迄今最早的葛纤维纺织品，实物是用简单纱罗纺织制作，经线以双股纱线合成的罗地葛布。

湖北江陵出土的丝绸

葛纤维纺织品

1926年，山西夏县西阴村仰韶文化遗址中发现经人工割裂过的"丝似的、半个茧壳"，这是迄今最早的蚕茧实物，距今约5 000多年。

距今约5 500年的河南郑州青台遗址，发现了黏附在红陶片、头盖骨上的苎麻、大麻布纹和丝帛残片，同时出土十多枚红陶纺轮。其中丝帛残片是迄今最早的丝织品实物。

距今5 400年的河北正定南杨庄仰韶文化遗址，1980年出土两件陶塑蚕蛹，这是迄今最早的陶塑蚕蛹。

距今4 700年的浙江吴兴钱山漾遗址，除发现多块麻纺织技术较草鞋山葛布先进的苎麻布残片外，还发现了丝带、丝绳和丝帛残片。从丝织品编织的密度、拈向、拈度情况看，钱山漾的缫丝、合股、加拈等丝织技术已具有相当的水平。

以上实例情况说明，麻织和丝织的技术与习俗，在新石器时代中、晚期的黄河流域和长江流域地区均已获得迅速的发展和流行。尤其是草鞋山罗地葛布的发现，证实了传说的"五帝"时代即新石器时代的确存在"夏日衣葛"的习俗。

江苏泗洪出土的东汉织机图

夏代丝织业较新石器时代更为发达，在考古发掘中也屡有出土，二里头遗址中就多次发现了麻布痕迹和残迹。

进入商朝，丝、麻、毛、棉等织物已经普及。在殷墟出土的甲骨文记录中已见桑、蚕、丝等字，桑字如桑树的象形，蚕字也是蚕虫的肖形。种桑是为了养蚕，养蚕是为了抽取蚕丝，抽取蚕丝后便可以进行丝织。种桑、养蚕、抽丝技术的发生与发展，反映了商代纺织业的发达情形。考古发掘也证实了商朝的丝织品已达到品类繁多、精益求精的阶段。如河北藁城台西遗址发现的黏附于青铜器上的丝织物，就有平纹纨、皱纹縠、绞经罗、菱纹绮等多种纹饰，殷墟考古发现的玉蚕也是一个有力的佐证。这表明，商代纺织的技术水平已达到一定的高度。

西周时期的纺织，基本继承了自新石器时代以来的丝、麻、葛织等传统，并继承了商代的毛织技术和习俗。考古发掘所见的西周纺织资料，主要有陕西宝鸡茹家庄西周墓出土的丝织山形纹绮残片，青海都兰出土的用绵羊毛、牦牛毛制成的毛布、毛带、毛绳、毛线等毛织品。出土材料表明，西周时期已经流行毛织生产习俗了。

古代纺织工具主要有：纺坠、纺车、踏板织机。

纺坠是中国历史上最早用于纺纱的工具，它的出现至少可追溯到新时石器时代。纺坠的出现不仅改变了原始社会的纺织生产，对后世纺纱工具的发展影响十分深远，并且它作为一种简便的纺纱工具，一直被沿用了几千年。

纺车按结构可分为手摇纺车和脚踏纺车两种，是最普及的纺纱机具，即使在近代，一些偏僻的地区仍然把它作为主要的纺纱工具。

缲丝图

踏板织机是带有脚踏提综开口装置纺织机的通称。织机采用脚踏板提综开口是织机发展史上一项重大发明，它将织工的双手从提综动作解脱出来，以专门从事投梭和打纬，大大提高了生产率。

第七节　丝绸与“丝绸之路”

中国是世界上最早发明养蚕织丝的国家，是举世公认的丝绸诞生地。我国考古工作者在早期遗址中发现了许多丝绸遗迹，较早的有：距今 4 000 多年的浙江钱山漾遗址中发现了丝线遗迹；山西省西周倗国墓地也发现了距今 3 000 年的荒帷遗迹，科研工作者利用电泳技术、生物质谱等技术，鉴定出山西省西周墓地的荒帷纺织材料为家蚕蚕丝，并且将这些带有精美图案的荒帷痕迹保存下来，为古代荒帷的研究提供宝贵的证据。

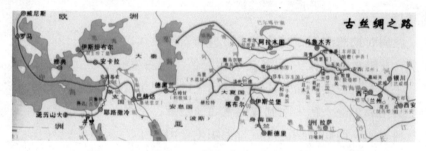

丝绸之路

丝绸给古代中国带来了巨额的财富，并成为传播中国文化的使者。在汉代，我国就能生产出各种精美的丝织品。张骞两度出使西域，打通了通往西方的"丝绸之路"，开辟了古代亚欧互通有无的商贸大道，促进了亚欧各国和中国的友好往来。

丝绸之路，概括地讲，是从东亚开始，经中亚，西亚进而联结欧洲及北非的东西方交通线路的总称。

广义上的"丝绸之路"共有三条：最主要的一条即是指西汉张骞开辟的东起长安，西达大秦（印度），横贯亚洲的陆上通道。这条"丝绸之路"是汉武帝为了联合中亚地区的大月氏人共同抵抗匈奴而派张骞开拓的。此后，汉朝大规模经营西域，进而在塔克拉玛干沙漠的南北两边开辟正规的驿道，并向西延伸到帕米尔高原以外，与中亚、西亚、南亚原有的道路衔接起来。随着时间的推移，便于丝绸西传的"丝绸之路"也形成了：它是连接亚、欧、非三个大陆的大动脉和东西方经济、文化交流的桥梁。被人们称为世界文明摇篮的四个亚非文明古国——中国、埃及、巴比伦和印度，以及欧洲文明的发祥地——希腊和罗马，都是"丝绸之路"所通达的地区。这条陆上"丝绸之路"不是一条直线，而是在一条直线上形成了许多条类似射线的路线，其中的一路可以到达君士坦丁堡（今伊斯坦布尔），而另一条可达伊拉克，进而跨越叙利亚沙漠，到达地中海东岸的帕米拉、安都奥克等地，并可以从这里取海路到达罗马。

马王堆出土的素绢禅衣

丝绸之路是亚欧大陆的交通动脉，是中国、印度、希腊三种主要文化交汇的桥梁。在通过这条漫漫长路进行贸易的货物中，以产自我国的丝绸最具代表性，"丝绸之路"因此得名。

自从张骞通西域以后，中国和中亚及欧洲的商业往来迅速增加。通过这条贯穿亚欧的大道，中国的丝、绸、绫、缎、绢等丝制品，源源不断地运向中亚和欧洲，给世界人民送去了舒适的衣物，中国丝绸逐渐成为罗马人狂热追逐和迷恋的对象。丝绸之路的开辟，有力地促进了东西方的经济文化交流，对促成汉朝的兴盛产生了积极的作用。

中国丝绸的西传到了隋唐时期达到高潮。在约公元 4 世纪时，欧洲各国的贵族阶层都穿上了美丽的丝质服装。在丝绸西传时，中国丝绸也不断通过"海上丝绸之路"输往东方的朝鲜和日本。古罗马作家曾赞誉中国丝绸"色彩像鲜花一样美丽，质料像蛛丝一样纤细"，阿拉伯的《古兰经》曾记

张骞出西域图

载："中国的丝绸是天国的衣料。"罗马的上流社会尤其喜欢中国的丝绸。随着丝绸的西传，我国的蚕种和养蚕技术也逐渐传于各地。公元 6 世纪时，中亚和波斯等地已经学会了制丝技术。同时佛教也迎来了在中国广泛传播的机会，一时间唐朝人在文化方面得到了极大的满足。同时，不同地域的商品带给人们精神差异的影响也日益扩大。丝路商贸活动可谓奇货可点、令人眼花缭乱，从外奴、艺人、歌舞伎到家畜、野兽；从皮毛、植物、香料、颜料到金银珠宝、矿石金属；从器具牙角到武器书籍乐器，几乎应有尽有。而外来工艺、宗教、风俗等随商进入更是不胜枚举。唐代是古代中国物资丰富、商贸繁荣、国力强盛的时期。

中国古代印刷术也是沿着丝路逐渐西传的技术之一。在敦煌、吐鲁番等地，已经发现了用于雕版印刷的木刻板和部分纸制品。其中唐代的《金刚经》雕版残本如今仍保存于英国。这说明印刷术在唐代至少已传播至中亚。13 世纪时期，不少欧洲旅行者沿丝绸之路来到中国，并将这种技术带回欧洲。

丝绸之路开辟了中外交流的新纪元。它不仅是古代亚欧互通有无的商贸大道，还是促进亚欧各国和中国友好往来、沟通东西方文化的友谊之路。

第八节 中国传统农业的特点

中国是世界文明古国之一，曾以其辉煌灿烂的文明令世人瞩目和向往。古代的中国有着发达的农业，为文明的萌生和发展提供了雄厚的经济基础。古代中国农业具有世界领先、精耕细作、自给自足的特点。其中，世界领先体现为我国是世界农业起源地之一，农耕文明长期居于世界先进水平。精耕细作是我国农耕文明长期居于世界先进水平的重要原因，也是我国古代农业的基本特征。

中国传统农业在长达两千多年的漫长发展进程中，逐渐形成了以"铁犁牛耕"为主要方式的"精耕细作"技术和以"男耕女织"为经营模式的自给自足"小农经济"两大基本特点。

"精耕细作"技术是中国传统农业精华的概括，是中国古代农业最为突出的特点。

中国传统农业以使用畜力牵引和人工操作的金属农具为标志，生产技术建立在直观经验的积累上，其典型形态是"铁犁牛耕"。古时，人们无法改变自然大气候，因此对"天时"的条件更强调自觉适应与充分利用。改善农业环境则侧重于土地的精细耕作、广积肥料和在有条件的地方发展灌溉农业。

中国传统农业是集约型农业，延续的时间十分长久。其主要特点是因时、因地制宜，精耕细作，以提高土地利用率和单位面积产量为中心。主要表现在耕作方式、生产工具、复种制度、农作物的品种、产量以及灌溉、施肥等诸多方面。因此，精耕细作技术是一个综合性的农业技术体系。

三脚耧车

最能反映精耕细作发展水平的生产工具，有耦犁、耧车、曲辕犁等；主要的耕作方法有代田法、区田法；还有复种制度，如汉代黄河流域的两年三熟制、宋代江苏稻麦两熟制以及明清时期南方一些地区形成的一年三熟制等。

在水利灌溉工具方面，如水排的发明、翻车的创制、筒车的使用等，以及都江堰、白渠、坎儿井等水利工程的修建，都是精耕细作的综合技术内容。

高转筒车

从耕作方式和生产技术的角度看，牛耕和不断改良的生产工具、生产技术，使精耕细作的农业生产方式日益完善。犁的威力在于它是铁制农具，后来又使用了大牲畜作牵引力。铁犁牛耕的发展，重点在农具即耕犁的改进。大致可以分为三个阶段：春秋战国时期是开始使用和逐渐推广阶段，出现了铁农具和牛耕。两汉时期是改进和进一步推广阶段。汉代农业生产技术发展的突出成果主要有以下三点：一是犁耕技术的发展，表现在犁壁的安装和牛耕的推广。有犁壁才有按一定方位翻转土块和作垄，并将杂草埋下作肥，兼有杀虫作用。汉犁木质部分，除犁辕、犁梢、犁床、犁横外，并有能调节耕地深浅的犁箭，犁已基本定型。二是新型播种工具耧车的发明，提高了播种的效率。三是代田法的出现，起到防风抗倒伏、抗旱保墒和土地轮番利用的作用。隋唐时期是完善阶段。唐代犁的改进，是发明了曲辕犁（又名江东犁）。曲辕犁将旧犁的直辕、长辕改为曲辕，犁架也变小，更加轻便灵活。曲辕犁还增设了犁评、犁槃、犁策等部件，使犁更稳定，既便于调节翻耕深浅，起亩作垄，又节省劳力，提高耕作速度。

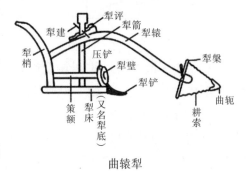

曲辕犁

又节省劳力，提高耕作速度。曲辕犁的发明，是继汉代犁耕发展之后农具改革的又一次突破。它的出现标志着中国传统步犁的基本定型。

　　精耕细作技术在古代中国农业的发展过程中表现出强大的生命力，是人们适应自然、改造自然的能力逐步提高的过程，即便是遇到天灾人祸，也依然能够抵抗住灾害的侵袭，持续发展。可以说，精耕细作是中国古代农业渡过一个个难关的重要保证。

　　农业与家庭手工业相结合，自给自足的"小农经济"是传统农业的另一特色。

　　以家庭为生产、生活单位的"男耕女织"小农经济是我国传统农业社会生产的基本模式。具体表现为农业和家庭手工业的结合，生产出来的产品主要是满足自家基本生活的需要和交纳赋税，是一种自给自足的自然经济。

　　传统生产工具中最重要的两种，就是男人的犁和女人的纺车。"男耕女织"是一种自然分工，即在生理基础上的分工：男子从事农业，而女子从事家庭手工业。

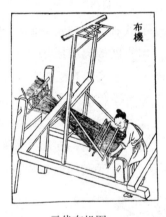

元代布机图

腰机织造图

　　《盐铁论·园池》："夫男耕女织，天下之大业也。"汉代谚语也说："一夫不耕或受之饥，一妇不织或受之寒。"

　　唐代田园诗人孟郊在《织妇词》中说："夫是田中郎，妾是田中女。当年嫁得君，为君乘机杼。"明代赵弼在《青城隐者记》中描绘："女织男耕，桑麻满圃"，描述了田夫蚕妾，牛郎织女，日出而作，自给自足的以家庭为单位的小农经济生产情景。

在出土的汉代画像砖、石和壁画中，常见有男子扶犁和妇女采桑织布的图像。山东、江苏、四川等地的画像石上也有普通的织机图像。

在中国妇孺皆知的牛郎织女神话故事，就是在汉代以前产生和形成的，表现了当时小农生产者和小手工业者要求改善生活、争取婚姻自由和人身解放的理想愿望。当时，由于织布机的发明、应用和耕牛、铁犁的推广，农业、手工业获得空前的发展，小农生产者要求摆脱农奴性，在经济上获得较多的自由，生活上向往男耕女织、自给自足。但是由于封建地主阶级的压迫、剥削，小农经济的这种理想很难实现。牛郎织女这个故事反映了封建社会的基本矛盾和阶级关系，表现了小农生产者在封建束缚下没有自由的苦闷情绪。

在中国封建社会，普遍实行的是实物地租。政府的赋税，除粮食以外，布帛是长期课征的对象，即所谓"布缕之征"。所以，农民种粮织帛，主要是为了纳税。实物地租是以农村家庭工业和农业相结合为前提，完全由农民家庭生产所形成的剩余产品。因此，"男耕女织"长期成为农业与家庭手工业结合的基础，成为自然经济的标志。

这种小农经济的农业生产经营方式，是社会生产力发展的必然结果。它适应古代中国的国情，成为中国封建社会农业生产发展的基本模式。小农经济之下，农民不同程度地拥有一定数量的生产资料和生产自主权，能支配一部分劳动产品，因而具有较高的生产积极性。由于小农经济规模小，促使农民努力提高耕作技术，尽可能地提高单位面积产量，是推动中国古代精耕细作技术发展的主要动力。但是小农经济以家庭为单位，生产规模小、耕作工具和生产条件简陋，抗御天灾人祸的能力十分脆弱。小农经济分散性、封闭性的特点，又阻碍了生产力和商品经济的发展，成为中国封建社会发展缓慢和长期延续的重要原因之一。

在中国封建社会形成和发展时期，小农经济基本适应了生产力发展水平。"男耕女织"的生产模式，是中国两千多年封建社会生存和发展的基本特点，也是中国古代文明的重要基础。

第二章

农业与环境

　　随着现代化的进程和工农业生产的发展，人们的生活环境在不知不觉中发生着变化。据统计，全球平均气温在过去 100 年间升高了 0.74℃，中国升高了 1.1℃。全球气候的变化已经对人类社会的经济发展、生态与环境等诸多方面产生了影响，对农业的影响更为直接。

　　谈到农业，很多人都知道环境是制约农业生产的重要因素，却不清楚农业对环境有多大的影响。其实，农业与环境的关系，涉及人类自身的安全问题。农业生产与自然环境关系密切并深深地影响着环境。一个令人不安的统计数据是：我国化肥平均用量是发达国家化肥安全施用上限的 2 倍，但是肥料利用率不到 40%，一大半化肥不但没用发挥作用，反而成为新的污染源；我国每年约 50 万吨农膜残留于土壤中，在 15～20 厘米土层形成不易透水、透气的耕作层。最严重的是它难于降解，据研究，其在土壤中降解时间超过 100 年，被形容为"白色恐怖"；我国每亩农田平均施用近两斤农药,有 60%~70% 的农药残留在土壤中,成为污染源。

水是地球生物赖以生存的物质基础,更是农业生产必不可少的自然资源。中国是一个水资源短缺的国家,但农业生产消耗的淡水资源惊人,且农业生产中含有大量有机质、农药和化肥的污水随表土流入江、河、湖、库,使 2/3 的湖泊受到不同程度富营养化污染的危害。水资源短缺并不断被污染将是 21 世纪中国农业生产所面临的重大挑战。

气候变化影响了农业,反过来农业生产也在影响着全球的气候变化。人类一些看似无意的行为,会对环境产生较大的影响,进而影响农产品的质量,最终波及人类健康。近年来频频曝光的农产品农药残留和因环境造成的农作物重金属含量超标事件,让人们感受到了环境的压力和焦虑。

专家认为,未来全球极端气象灾害可能出现多发、频发、重发的趋势。农业已经成为影响环境不可忽略的一个重要因素。

第一节　环境对农业的影响

万物生长靠太阳。农作物享受阳光雨露、吸收土壤中的养分和二氧化碳进行光合作用,形成一个生物成长的循环。

植物是具有生命的,它需要水分来维持生命,植物也需要补充养分。植物也有呼吸,也需要空气,尤其是根系,空气为土壤中的动物、微生物生存提供了条件。像人一样,植物也怕冷,只能在一定的温度范围内生存。农作物需要在合适的环境下生长,自然界中的光、热、土壤、肥料、气体以及生物等主要环境因子都对作物产生影响,环境因素对农业的影响至关重要。

人们一般把自然地理环境的物质成分概括为:大气环境、水环境和土壤环境三个组成部分。

大气就是包围地球的空气。大气环境是指生物赖以生存的空气的物理、化学和生物学特征。大气的物理学特性包括空气的温度、湿度、风速、气压和降水等因素。化学特性是指空气的化学组成:大气对流层中氮、氧、氢三种气体占 99.96%,二氧化碳占 0.03%。人类和一切动物、植物都生活在大气的底部，一刻也离不开大气。它的状态和变化，直接影响到人类和动物、植物的变化。

水环境是指自然界中水的形成、分布和转化所处空间的环境。水环境主要由地表水环境和地下水环境两部分组成。地表水环境包括河流、湖泊、水库、海洋、池塘、沼泽、冰川等；地下水环境包括泉水、浅层地下水、深层地下水等。

水环境是构成环境的基本要素之一，是人类社会赖以生存和发展的重要场所，也是受人类干扰和破坏最严重的领域。水环境的污染和破坏已成为当今世界主要的环境问题之一。

在地球表面，水体面积约占地球表面积的 72%。许多人把地球想象为一个蔚蓝色的星球，其实，地球上 97.5% 的水是咸水，只有 2.5% 是淡水。而在淡水中，将近 70% 冻结在南极和格陵兰的冰盖中，其余的大部分是土壤中的水分或是深层地下水，不能被人类利用。地球上只有不到 1% 的淡水或约 0.007% 的水可被人类直接利用。全球每年水资源降落在大陆上的降水量约为 110 万亿立方米，扣除大气蒸发和被植物吸收的水量，世界上江河径流量约为 42.7 万亿立方米。

中国是一个水资源短缺、水资源分配极不均匀和水灾发生频繁的国家，水资源总量居世界第 6 位，人均占有量 2 500 立方米，约为世界人均水量的 1/4，在世界排第 121 位，已被联合国列为 13 个贫水国家之一。

土壤环境是指岩石经过物理、化学、生物的侵蚀和风化作用，以及地貌、气候等诸多因素长期作用下形成的土壤的生态环境。土壤形成的环境决定于母岩的自然环境，岩石风化时发生元素和化合物的淋滤作用，在土壤生物的作用下，产生积累，也有一部分溶解于土壤水中，形成多种植被营养元素的土壤环境。土壤环境是地球陆地表面具有肥力，能生长植物和微生物的疏松表层环境。由矿物质、动植物残体腐烂分解产生的有机物质以及水分、空气等固、液、气三相组成。固相由原生矿物、次生矿物、有机质和微生物组成，占土壤总重量的 90%～95%；液相由水及其可溶物组成，称土壤溶液。各地的自然因素和人为因素不同，形成不同类型的土壤环境。

我国耕地的总面积为 20 亿亩，由于人口众多，我国人均耕地面积仅为世界人均面积的 1/3。所以，国务院划定 18 亿亩为耕地的最低限，任何情况下都不得突破。

大气环境、水环境和土壤环境构成了植物的生长环境。陆地生物圈通过光合与呼吸作用与大气不断交换 CO_2 气体。光、热、水、CO_2 是农作物生长发育所需能量和物质的提供者，它们的不同组合对农业生产的影响不同。气候变化特别是大气 CO_2 浓度增加导致温度上升，使农作物光合效率提高、生长速度加快、根系发达、株高增加、生育期缩短、产量提高，但作物的营养物质含量和品质下降。全球温度增高将改变各地的温度场，影响大气环流的运行规律，各地的降水量和蒸发量的时空分布也会改变；增温造成的海冰、冰川融化和海水受热膨胀还会使海平面上升，将给地球水资源、能源、土地、森林、海洋以及人类健康、物种资源、自然生态系统和农业生产带来巨大冲击，造成许多目前仍无法估计的重要影响。

人类与环境的关系极为密切，人体通过新陈代谢和周围环境进行物质交换，在长期的进化过程中，使得人体的物质组成与环境的物质组成具有很高的统一性。环境的好坏直接影响着人体的健康。

因此，创建一个美好的环境非常重要。它至少包括：新鲜的空气、清洁的水、没有残毒的食物及舒适的居住条件等。人类的某些活动，如过量砍伐森林、过量施用化肥与农药、随手丢弃废旧电池、采矿废水直接排入江河等，都将导致环境污染。

第二节　土壤与农业

土地是人类生产和生活必不可少的场所，土壤则是土地的一个组成部分。

我们每天都接触土壤，出门走路，脚下就是土壤，当然，如果走的是柏油路的话，柏油油层下面也还是土壤。我们吃饭的粮食，来源于土壤；穿衣来源于土壤；住的房子，盖在土壤之上。土壤与人类关系如此密切，又如此平凡，以至于很少有人对土壤产生过好奇，很多人根本不知道北方的土壤与南方的土壤有什么区别。其实，按照用途和覆盖特征，土地可分为耕地、园地、林地、牧草地、居民点及工矿用地、交通用地、水域、未利用土地等类别。它具有"位置的固定性、面积的有限性、不可替代性和生产能力可变性"四个特点。

地球的表面积约为 5.1 亿平方千米，其中陆地面积仅 1.5 亿平方千米，约占地表总面积的 29%，而有土壤覆盖的土地更少。由于土层太浅，土壤污染，永久冻土和含水量过高或过低，陆地面积中 89% 的土地目前不宜农业生产。所以，土壤是农业生产中一种非常重要的资源。

耕 地

梯 田

草 地

中国有 960 万平方千米的国土，但农业土地资源严重不足，耕地、林地、草地只占陆地总面积的 50% 左右。从总量上看，各类土地资源的绝对量虽然很大，但人口与土地资源的矛盾十分突出，人均耕地面积只有世界人均量的 1/4，人均草地面积不到世界人均量的 1/2，人均林地面积为世界人均量的 1/8。

从中国的版图上看，东南部地区是耕地、林地等最集中的地区，耕地占全国耕地面积 90%，集中了全国 90% 以上的人口，历史上有"湖广熟，天下足"的说法。西北部地区几乎包括全国所有的沙漠、戈壁、冰川等，面积虽大，但农业生产受到水资源的限制，难以利用的土地面积较大。

以秦岭—淮河为界，北方以旱地为主，南方以水田为主。我国山地多，平地少，耕地所占比重小，据统计，我国海拔 500 米以上的山地和高原占国土面积的 75%，耕地仅占国土面积的 14%。

　　从地域看，我国土壤分布呈现出明显的规律。明代时期，人们就发现我国东部的水稻土为青色，南方土壤为红色，西部土壤为白色，北方土壤为黑色，中部土壤为黄色。中山公园的"五色土"社稷坛就反映了中国土壤分布的特点。这是因为：

　　东北平原湿润寒冷，微生物活动较弱，土壤中有机物分解慢，积累较多，所以土色较黑。

　　黄土高原的土壤呈黄色，这是由于土壤中有机物含量较少的缘故。

　　高温多雨的南方土壤中矿物质的风化作用强烈，分解彻底，易溶于水的矿物质几乎全部流失，只剩氧化铁、铝等矿物质残留在土壤上层，形成红土壤。

　　在排水不良或长期被淹的情况下，红土壤中的氧化铁常被还原成浅蓝色的氧化亚铁，土壤便成了青色，如南方某些水稻田。

　　含有较高的镁、钠等盐类的盐土和碱土则常呈为白色。

　　土壤是一种很复杂的物体，它是由固相、液相和气相三相物质组成，一般情况下，土壤的固相部分占 50%，液相约占 25%，气相占 25%。

　　固相物包括矿物质和有机质，是养分的贮存场所，决定着养分的潜在供应能力。其中，土壤矿物质中的黏粒，颗粒细小，表面吸湿性强，黏粒间空隙很小，有显著的毛细管作用，能够吸附养分，具有较强的保肥能力。土壤有机质包括处于不同分解阶段的各种动植物残体，是土壤形成团粒结构的良好胶结剂，能够改善土壤通气性能和蓄水状况。

　　土壤溶液是土壤液相的主要组分，包括水分、溶解在水中的盐类、有机化合物、无机化合物以及最细小的胶体物质。作物生长发育过程中所需要的营养物质，几乎都是从土壤溶液中获得的。

　　土壤气相主要是指土壤的空气含量，而土壤空隙及水分含量是决定土壤空气含量的主要因素，若土壤通气不良，土壤中气体所占比例下降，土壤空气中的 O_2 就会降低，CO_2 的含量相应会迅速增高，危害作物根系的呼吸作用，严重时可导致作物生长不良、根系腐烂坏死。

　　农作物是植根于土壤中进行一系列物质与能量交换的。土壤的本质是具有肥力和繁殖能力。如果我们播下粮食作物的种子，它会发芽、生长，让人们收获到粮食；如果我们播种林木的种子，它会产出参天大树，改善生态环境，并提供生物资源与能源；土壤还可以孕育草原，养活家畜及野生动物。

可以这样来定义土壤：土壤是覆盖在地球陆地表面，具有肥力，可以生长植物的自然体。它的上限是空气和浅层水，下限是坚固的岩层。

一般说来，土壤肥力具备水、肥、气、热四个要素。当这四个因素配合得好时，土壤肥力就高；反之，土壤肥力就不高。那个拖后腿的因素叫做限制因素。采取措施调节限制因素后，就相应地改善了土壤肥力。浇水是改善土壤肥力的措施，排水也是改善土壤肥力的措施，施肥同样是改善土壤肥力的措施。我国古人总结出"看天、看地、看庄稼"的施肥方法，使作物品种与当地生物、气候、水肥条件高度和谐，生产出种类繁多的地方特产。

科学家发现，高等植物的一生，必须具备以下 16 种营养元素，它们是：碳（C）、氢（H）、氧（O）、氮（N）、磷（P）、钾（K）；钙（Ca）、镁（Mg）、硫（S）；铁（Fe）、硼（B）、锰（Mn）、铜（Cu）、锌（Zn）、钼（Mo）、镍（Ni）。除碳（C）、氢（H）、氧（O）来自空气和水外，其他 14 种都可以由土壤提供。其中氮、磷、钾三种元素是植物需要量最大的，几乎完全从土壤中获得，是人工施肥的主要品种，使用量最大，故被称为肥料三要素。如果在某一生长阶段缺乏某种营养元素，轻则表现出缺素症状，生长受到影响，重则枯萎致死；营养过剩对植物也不好，一则导致疯长，二则不可避免地造成环境污染，还增加了农民的生产成本。

测土配方施肥

不同的土壤环境有不同的营养成分，不同的农作物需要不同的环境相适应。如高粱、苏丹草、田菁、苜蓿、向日葵、甜菜等作物比较耐盐碱；而稻、燕麦、黑麦、荞麦、马铃薯、甘薯、茶等则较能耐酸。大多数作物适宜于中性土壤。俗话说"橘生之淮南为橘，生之淮北则为枳"，说明农作物必须适应于所在环境。很多优质农产品都是与环境高度和谐的产物，像我们熟知的平谷大桃、砀山酥梨、五常大米、陕北苹果、章丘大葱等，无一例外。

人类对土地的依赖是必然的，而土壤资源是有限的，因此，必须珍惜和合理利用每一寸土地。

第三节　气候与农业

海平面上升、冰川和常年积雪消融、极端天气气候事件频繁发生、水资源分布失衡、生物多样性受到威胁……这些词汇成为近年来百姓关心的"关键词"。全球气候变暖不仅影响了人类居住环境，而且也影响了全球各地区社会经济的方方面面。

气候一词源自古希腊文，意为倾斜，即指各地气候的冷暖同太阳光线的倾斜程度相关。气候与天气是有区别的，天气是指相对快速的冷热改变或是暂时的冷热条件；气候则是指长期存在的主要天气状况。气候的形成主要是由于热量的变化而引起的，通常以冷、暖、干、湿这些特征来衡量。而且，气候是长时间内气象要素和天气现象的平均或统计状态，时间尺度为月、季、年、数年到数百年以上。

气候可分为大气候、中气候与小气候。大气候是指全球性和大区域的气候，如：热带雨林气候、地中海型气候、极地气候、高原气候等；中气候是指较小自然区域的气候，如：森林气候、城市气候、山地气候以及湖泊气候等；小气候是指更小范围的气候，如：贴地气层和小范围特殊地形下的气候。

影响气候的主要因素有：

（1）纬度位置。赤道地区降水多，两极附近降水少。南北回归线附近，大陆东岸降水多，西岸降水少。

（2）海陆位置。温带地区、沿海地区降水多，内陆地区降水少。

（3）地形因素。通常情况下，山地迎风坡降水多，背风坡降水少。

（4）洋流因素。暖流对沿岸地区气候起到增温、增湿的作用。如西欧海洋性气候的形成，就直接得益于暖湿的北大西洋暖流。寒流对沿岸地区的气候起到降温、减湿的作用。如沿岸寒流对澳大利亚西海岸、秘鲁太平洋沿岸荒漠环境的形成，起到了一定的作用。

气候与人类社会关系密切，除了影响人们的日常生活外，气候对动植物尤其是对农业的影响最为明显。气候资源是自然资源中影响农业生产最重要的组成部分之一，对农业的生产类型、种植制度、布局结构、生产潜力、发展远景，以及农、林、牧产品的数量、质量和分布都起着决定性作用。

不同的农业生产对象（作物、牲畜等）和农业生产过程都对气候有着特殊要求。气候要素在一定的指标范围内，为农业生产提供物质和能量，对农业生产有利的，即是农业气候资源；超过一定的指标范围，可能对农业生产不利，成为农业气候灾害。

农业气候资源包括光、热、水、气等气候要素。太阳辐射带来光和热，是动植物生命活动的主要能源；降水量、土壤有效水分存储量以及可能蒸发量是作物生长的重要条件；空气中 CO_2 含量变化是作物光合作用强弱的重要因素。

干旱、水涝、霜冻、大风、冰雹、高温等都能给农业生产带来不同程度的危害。这些气候灾害的发生，从长期看，在空间上和时间上有其规律性。农业气候灾害对资源起限制、破坏作用。例如，水是资源，但太少就发生旱灾，过多就发生涝灾；温度是资源，但过低就发生寒害，太高就发生热害；微风对作物有好处，大风就造成风灾。

农业气候资源是决定植物分布的重要因素。一个地区热量的累积值不仅决定该地区作物的熟制，还决定着农作物的分布和产量。在不同的地区，由于温度、日照、水分、植被、土壤等自然条件的差异，分布着不同的农作物。从作物生长发育对光周期的反应看，大致可分为长日照作物和短日照作物两类。长日照作物要求日照长于一定的临界日长度时才能开花，如小麦在 12 小时以上、甜菜在 13～14 小时以上。而短日照作物要求日照低于一定的临界日长度时才能开花，如水稻短于 12～15 小时，大豆短于 15 小时。介于两者之间的作物为中性作物，开花之前并不要求一定的昼夜长短，只要达到一定基本营养，在自然条件下四季均能开花，如荞麦、豌豆、黄瓜、茄子、番茄等。

从温度条件看，全世界 4 种不同的温度地带都各有与之相适应的作物种类。

（1）寒温带。有春小麦、春大麦、春燕麦、黑麦、粟、黍稷、马铃薯、豌豆、蚕豆、亚麻、甜菜等。

（2）温带。有冬小麦、冬大麦、粟、高粱、大豆、蚕豆、菜豆、油菜、向日葵、大麻等。

（3）亚热带。有水稻、玉米、高粱、甘薯、大豆、菜豆、油菜、花生、芝麻、油桐、桑、茶、棉、黄麻、红麻、苎麻等。

（4）热带。有水稻、甘薯、木薯、花生、海岛棉、咖啡、可可、橡胶树、油棕、黄麻等。

作物的这种适应性也不是绝对的。有些作物由于遗传基础的变异，经过天然或人为的选择，也能改变其本性，但作物适应性变化的范围不能超过一定限度，否则将生长不良或不能成活。因此，在跨纬度引种时要特别谨慎，以免在实际生产中为此付出代价。

气候变化影响了农业发展，反过来农业的发展也在影响着全球气候变化。一般认为，种植业是造成气候变化的主要祸首。据估算，全球变暖和气候变化，农业大概要负三分之一的责任。地球上主要温室气体即二氧化碳的产生，约 25% 来源于农业，主要体现在以下四个方面：①饲养反刍动物，如牛、羊、骆驼等，饲料在其肠内发酵引起甲烷排放；②种植水稻，因土壤长时间用水淹没，形成厌氧条件，产生并排放甲烷；③农田过量施用氮肥，造成土壤中的氧化亚氮排放；④家畜粪肥处理过程也会引起甲烷和氧化亚氮的排放。

联合国气候变化专门委员会（IPCC）评估报告认为，全球气候正经历一次以变暖为主要特征的显著变化。据统计，全球平均气温在过去 100 年间升高了 0.74℃，中国升高了 1.1℃。全球气候变化已经对人类社会的经济发展、生态与环境等诸多方面产生了影响，对农业的影响更为直接。

气候变暖后，土壤有机质的微生物分解将加快，造成地力下降。这意味着需要施用更多的肥料以满足作物的需要，也意味着投入的增加。

气候变暖后，农药的施用量将增大。气候变暖可能会加剧病虫害的流行和杂草蔓延。这意味着气候变暖后可能不得不大量施用农药和除草剂，而这将增大农业生产成本。

气候变暖后，改变了水资源的时空分布格局。区域性洪涝干旱灾害等由降水格局的改变所造成的气象灾害有增多增强趋势。研究表明，气温每上升1℃，农作物需水量将增加6%～10%，土壤水分的蒸发量也将增大，作物可利用的水资源量会减少。

农药灭虫

气候变暖对中国各地区农业生产的影响也不尽相同，有些地区是正效应，而有些地区是负效应。高纬度地区热量资源将有所改善，喜温作物界限北移，进一步带动种植业的结构调整。气候变暖导致南方水稻品种逐渐向北方扩展，玉米主产区南移，麦豆产区北移西扩，使得近15年来东北地区粮食增产10%～13%。气候变暖使农作物的生长季节有所延长，导致我国现行的种植制度和作物布局发生改变，复种指数提高。据测算，在温度上升1.4℃、降水增加4.2%的条件下，我国农作物每年一熟的种植面积由当前的62.3%下降为39.2%；每年两熟的种植面积由24.2%增加到24.9%；每年三熟的种植面积由当前的13.5%上升到35.9%。

但是，由于气候变暖导致土壤水分的蒸发量加大，一些作物可利用的水资源量将减少，这种热量资源增加的有利因素可能会由于水资源的匮乏而无法得到充分利用。

从总体上看，气候变化对农业的影响是负面的。预计到2030年全球平均温度比目前增高1℃，到21世纪末将升高3℃，这势必会对农业、林业、生态环境及人类活动等许多领域产生深远的影响。研究表明，气温每上升1℃，粮食产量将减少10%。在我国华南、华北和西南等一些地区，由于目前当地气候已经接近农作物生长适宜温度上限，气候变暖使作物生长发育加快，生育期相应缩短，没有足够时间使农作物形成饱满的粮食，致使产量逐步减少。

专家认为，未来全球极端气象灾害可能出现多发、频发、重发的趋势。中国是一个气候条件复杂、生态环境脆弱、自然灾害频发、易受气候变化影响的国家。未来气候变化将可能进一步增加中国洪涝和干旱灾害发生的几率，大范围持续性干旱成为农业生产的最严重威胁。北方干旱常态化、南方干旱扩大化均呈上升态势。已经持续 30 多年的华北地区干旱问题在未来 10 多年内仍不会有缓解迹象。同时，南方雨量丰沛地区的季节性干旱也日益凸显。2006 年，重庆市和四川省出现了有气象记录以来最严重的高温伏旱；2007 年，湖南、江西、四川、重庆等省（市）部分地区发生了严重的夏旱或秋旱；2011 年西南地区出现了持续性干旱，造成严重的人畜饮水困难等，均对农业生产造成了严重影响。

气候变暖导致我国农作物因旱受灾面积和粮食产量波动呈加大趋势。近几年，每年受旱耕地面积约 2 200 多万公顷，因旱灾每年损失粮食超过 1 000 万吨，到 2030 年，气候变化和极端气候事件将可能使中国粮食生产潜力降低，其中小麦、水稻和玉米三大作物可能以减产为主，中国种植业产量在总体上可能会下降 5%～10%。

进入 21 世纪，全球变暖的趋势还在加剧。因此，必须采取积极应对气候变化的有效措施，及时调整种植结构、改进灌溉方式、大力发展节水农业，增强农业抵御气候风险的能力，保证农业生产的可持续发展。

第四节 水与农业

水是地球生物赖以生存的物质基础。水资源是维系地球生态环境可持续发展的首要条件，更是农业生产必不可少的自然资源。水资源作为整个生态环境的一个重要组成部分，具有不可替代性，它既是影响经济文化生活、城市兴旺发达的制约因素，又与天气、气候的关系十分密切。

在我们生活的地球上共有 13.86 亿立方千米的水体，从理论上说是不少的。但这些水体中 97.47% 是海水，不便利用。地球上实际上能为人类开发利用的水资源主要是河流径流和地下淡水，地下水约占地球

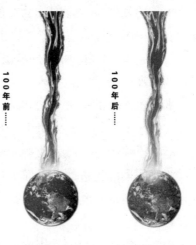

100年前…… 100年后……

100年后，我们还能享受甘泉的沐浴么？

保护水资源，人人有责

淡水总量的 22.6%，但一半的地下水资源处于 800 米以下的深度，难以开采。因此，可供人类利用的河水、淡水湖泊水以及浅层地下水，储量约占全球淡水总储量的 0.3%，只占全球总储水量的十万分之七。这些仅有的淡水资源是陆地上的植物、动物和人类生存和发展的主要来源。

中国是一个水资源短缺的国家，人均淡水资源仅为世界人均量的 1/4，居世界第 121 位，是全球 13 个人均水资源最贫乏的国家之一。而且全国水资源时空分布不均，大量淡水资源集中在南方，北方淡水资源只有南方水资源的 1/4。据统计，目前全国 600 多个城市中，有 400 多个缺水，其中 100 多个城市严重缺水，沿海城市也不例外，甚至更为严重。而北京、天津等大城市目前的供水已经到了最严峻时刻。

农业生产需要充足的淡水资源来保证。在全球每年的淡水使用中，农业的消耗占到了惊人的 92%。这是对迄今为止的全球水利用数据进行的最全面分析得出的结论。农业灌溉占用了大量的淡水资源，有约 27%水资源用于生产粮食，例如小麦、水稻和玉米，而肉类和奶制品则分别占 22%和 7%。

水利是国民经济和社会发展的命脉，更是农业的命脉。水是一切农作物生长的基本条件，农作物在整个生长期中都离不开水，没有水就没有农业，中国能以占世界 7%的耕地养活占全球 22%的人口，其根本条件之一就是有 40%的耕地是灌溉农田，以及建立在灌溉条件下的作物多熟制与高产栽培综合技术。

满足农作物的正常生长要求，地面灌溉是最传统的灌溉方式。但这种方式灌水不均匀，蒸发量大，容易形成表层土壤的团粒结构，形成板层，影响土壤中好气微生物的分解作用。为了克服地面灌溉的弊端，未来农业必须采取先进的节水灌溉技术，提高水的利用效率，减少水的浪费，从而达到扩大灌溉面积、提高粮食产量的目的。这是发展节水农业的方向。

目前，农业生产中常用的节水技术有以下几种：

（1）渠道防渗。渠道输水是目前我国农田灌溉的主要输水方式。传统的土渠输水的利用系数一般为 0.4～0.5，差的仅 0.3 左右，也就是说，大部分水都渗漏和蒸发损失掉了。渠道渗漏是农田灌溉用水损失的主要方面。采用渠道防渗技术后，一般比土渠提高$50\%\sim70\%$。

渠道防渗

管道输水

（2）管道输水。管道输水是利用管道，将水直接输送到田间灌溉，以减少输送过程中的渗漏和蒸发损失。发达国家的灌溉输水已大量采用管道。管道输水与渠道输水相比，具有输水迅速、节水、省地、增产等优点。

（3）喷灌。喷灌是利用管道将水输送到灌溉地段，通过喷头分散成细小水滴，均匀地喷洒到田间，对作物进行灌溉。在发达国家已广泛采用。喷灌的主要优点如下：①节水效果显著，与地面灌溉相比，可以节约一半的用水量。②作物增产幅度大，一般可达$20\%\sim40\%$。③大大减少了田间渠系建设及管理维护和平整土地等的工作量。④减少了农民用于灌水的费用和投入，增加了农民收入。⑤有利于加快实现农业机械化。⑥避免由于过量灌溉造成的土壤次生盐碱化。

喷灌

微喷

滴灌

（4）微喷。是一种特别适合农业温室大棚内使用的新技术，它比一般喷灌更省水，更均匀的喷洒于作物上。它通过塑料管道输水，用微喷头喷洒的方式进行局部灌溉。

（5）滴灌。滴灌是利用塑料管道，将水输送到作物根部进行局部灌溉。是干旱缺水地区最有效的一种节水灌溉方式。滴灌较喷灌具有更高的节水增产效果，同时可以结合施肥，提高肥效一倍以上。

在水资源相对贫乏的中国，随着社会经济持续稳定的发展，城市化进程的不断加快，工业用水和生活用水将会出现大幅上升。而随着农业结构的调整，多种经营的开展，养殖业和农村工业、副业的发展，农业用水中种植业灌溉用水的比例势必减少，从这个意义上说，农业水资源将出现负增长。水资源的短缺将是 21 世纪中国农业生产所面临的重大挑战。

受污染的水

绿 藻

令人担忧的是，人类的活动使大量的工业废水、农业和生活污水未经处理就排入水域，造成水资源普遍受到污染。

工业废水是水域的重要污染源，具有数量大、面积广、成分复杂、毒性大、不易净化、难处理等特点。

农业污染源包括牲畜粪便、农药、化肥等。在农业污水中，含有大量的有机质、农药和化肥。据有关资料显示，全国每年使用农药110.49 万吨。大量农药、化肥随表土流入江、河、湖、库，使 2/3 的湖泊受到不同程度富营养化污染的危害，造成藻类以及其他生物异常繁殖，引起水体透明度和溶解氧的变化，从而致使水质恶化。

生活污染源主要是城市生活中使用的各种洗涤剂和污水、垃圾、粪便等，多为无毒的无机盐类，生活污水中富含氮、磷、硫等元素，也含有致病细菌。

据环境部门监测，中国城镇每天至少有 1 亿吨污水未经处理直接排入水体。全国七大水系中一半以上的河段水质受到污染，全国 1/3 的水体不适于鱼类生存，1/4 的水体不适于灌溉，90% 的城市水域污染严重，50% 的城镇水源不符合饮用水标准。在全国监测的 1 200 多条河流中，850 多条受到污染，90% 以上的城市水域也遭到污染，致使许多河段鱼虾绝迹，符合国家一级和二级水质标准的河流仅占 32.2%。

水污染

近些年，淮河、海河、辽河、太湖、巢湖、滇池等水域的主要水污染物排放总量居高不下。淮河流域仍有一半的支流水质污染严重，海河、辽河生态用水严重缺乏，其中内蒙古的西辽河已连续五年断流。太湖、巢湖、滇池均为劣五类水质，总氮和总磷等有机物污染严重。而沿黄地区许多农田被迫用污水灌溉，给区域内居民健康带来危害。

水污染正由浅层向深层发展，地下水和近海域海水也正在受到污染，我们能够饮用和使用的水正在不知不觉地减少。由于人口的增长和城市工业的发展，预计到 2030 年我国人均水资源占有量将从现在的 2 200 立方米降至 1 700～1 800 立方米，需水量接近水资源可开发利用量，缺水问题将更加突出。

淮河水污染

联合国一项研究报告指出：全球现有 12 亿人面临中度到高度缺水

的压力，80个国家水源不足，20亿人的饮水得不到保证。预计到2025年，形势将会进一步恶化，缺水人口将达到28亿～33亿。世界银行的官员预测，在未来的5年内"水将像石油一样在全世界运转"。

如果还不珍惜水资源，最后一滴水就是人类的眼泪。

第五节 生态与农业

1998年春天，一股来势汹涌的赤潮横扫了香港海和广东珠江口一带海域，赤潮过处，海水泛红，腥臭难闻，水中鱼类等动物大量死亡。此次赤潮使香港渔民损失近1亿港元，大陆珍贵养殖鱼类死亡逾300吨，损失超过4 000万元。

赤潮是水体中某些微小的浮游植物、原生动物或细菌，在一定的环境条件下突发性地增殖和聚集，引起一定范围内水体变色现象。在海湾出现叫做赤潮，而发生在淡水中则叫做水华。

20世纪以来，赤潮在世界各地频频发生。造成赤潮频发的原因是水体富营养化的结果，也是生态环境失衡的结果。而化肥的过量和不当使用是造成水体富营养化和赤潮的重要原因之一。

赤 潮

事实表明，生态问题产生的原因包含多方面的因素，其中既有人类生产、生存方式对自然环境的改变或破坏而产生的消极影响，同时也包括了自然环境自身的变迁所引发的环境问题。可以说，生态问题的产生是自然因素与人为因素形成恶性循环的结果。

农业生产是人类利用生物，吸收转化环境资源，形成各种农畜产品的过程。农业与自然环境有着极为密切的联系：一方面，农业生产与发展势必对自然环境产生影响，客观上改变着生态环境的某些方面；另一方面，自然环境的变化也会对农业生产产生深刻的影响。也就是说，农业生产作为一种利用、改造自然的活动，其发展过程中必然不断地面临着环境问题。因此在农业生产中必须考虑农业的生态问题。

随着人类活动范围的扩大，人类与环境的关系问题越来越突出。人类在改造自然的过程中应注意物质代谢的规律，在生产中因势利导，合理开发生物资源，而不可只顾眼前，竭泽而渔。同时还应该控制环境污染，如果大量有毒的物质进入环境，超越了生态系统和生物圈的降解和自净能力，就会造成污染物积累，破坏人类与其他生物的生活环境。

封山育林

世界自然基金会（WWF）研究指出：农业已经成为对环境最具破坏性的行为之一，农业每年破坏的森林面积相当于4个瑞士国土面积。自然基金会发布的《地球生命力报告2008》发出警告，人类对地球自然资源需求已经超出了地球生物生产力的近1/3。在过去的45年中，人类对地球生物圈的需求增加了一倍多。联合国环境规划署下属的世界自然保护联盟2010年公布报告指出，自1970年以来，全球野生动物数量已减少31%，活珊瑚减少38%，各种红树林植物和海草减少19%，全球3/4的渔场资源已经枯竭。

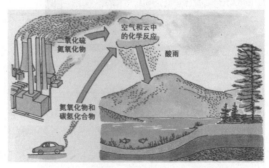

大气污染——酸雨形成

类似的问题，在中国也存在。中国正面临着日益严重的农业生态风险。我国是农业生产大国，由于城市对农业产品的需求量剧增，引起农业的极量生产，农药与化肥的超量使用，造成了对农村土壤、植被、水资源的日益破坏。在农业扩展的进程中，由于生态意识的缺乏所引发的森林缩减、草原退化和水土流失等生态问题，进一步加剧了自然灾害的危害。2011年，中国粮食总产量已经成功实现"八连增"，重要农产品的供给得到了有效保证。但中国农业实际上是消耗了全球 1/3 的化学肥料和 30％以上的化学农药的基础上获得的。专家指出，中国农业存在过度依赖资源和高强度开发等问题，可持续发展面临考验。

酸雨危害

在中国农村经济获得较大发展的同时却伴随着农业环境受污染和生态遭破坏程度越来越严重的局面。主要表现在：

（1）水土流失严重，自然灾害频繁。到 2011 年，我国有近 1/3 的国土面积存在不同程度的水土流失，水土流失面积达 356 万平方千米。数百万公顷农田、耕地正在受到荒漠化、盐碱化的威胁。最新资料显示，我国 90％的草地已不同程度地退化，其中中度退化以上的草地面积已占半数。近年我国自然灾害接连不断，从百年一遇，到两百年一遇，甚至有的被称为五百年一遇。

（2）耕地质量下降。综合各种资料分析，我国耕地土壤质量呈现退

盐碱地

化趋势，干旱、半干旱地区 40％的耕地严重退化。全国高产稳产田约占耕地面积的 20％～30％，中低产田占 70％～80％左右。全国耕地有机质平均含量已降至 1％，明显低于欧美国家 2.5％～4％的水平。全国耕地中，缺磷面积占 59.1％、缺钾面积占 22.9％。全国受盐碱化威胁的耕地约有 6 万平方千米；受荒漠化危害的农田约 21 万平方千米；遭受污染的耕地近 20 万平方千米；受酸雨危

害的耕地达 3.7 万平方千米。

（3）农业生态环境污染日趋严重。农业生产过程中的污染问题也严重影响着农业生态系统，突出表现在：化肥的流失对地面水、土壤、大气的污染和在食物中的残留。此外，大量的农膜及其他废弃物也影响着农业生态环境质量。

大气污染下的城市

目前，我国农业污染问题日益突出，农业污染量已占到全国总污染量的 1/3～1/2，不仅成为水体、土壤、大气污染的重要来源，而且对农产品安全、人体健康乃至农村和农业可持续发展构成严重威胁。主要表现在：

（1）对我国水安全构成严重威胁。我国的淡水资源严重不足，人均水资源只相当于世界人均水资源占有量的 1/4。在水资源开发和利用中还存在水资源过度开发、严重的水资源浪费现象和水资源污染治理力度不够等问题。其中，农业用水量占总用水量的 73.4%，农业灌溉水的利用系数只有 0.4%，而世界许多国家已经达到 0.7%～0.8%。

化肥、农药的不合理使用以及畜禽粪便的管理不力造成的农业污染，致使水体污染日益严重，对我国的水安全构成了极大威胁。根据 2003 年《中国环境状况公报》的数据和中国农业科学院在北京、天津、河北、山东、陕西等地的 600 个地下

焚烧稻草污染环境

水样的调查显示，我国一些地区地下水正面临被硝酸盐污染的严重威胁。另外，我国中西部地区的湖泊、河流及东南沿海和近海海域都出现了严重的富营养化问题且呈加重趋势。专家分析，在我国水环境中，来

自农田和畜禽养殖粪便中的总磷、总氮比重已分别达到 43% 和 53%，接近和超过了来自工业和城市生活的污染，不仅成为我国水环境污染的主要因素，而且成为我国水安全问题的重要隐患。

垃圾漂浮的水面

（2）土壤环境受到严重破坏。由于过量使用化肥、农药及污水灌溉等多种原因，一方面，造成土壤板结，地力下降；另一方面，土壤受到重金属、无机盐、有机物和病原体等物质的严重污染。调查显示，目前全国至少有 1 300 万～1 600 万公顷耕地受到农药的污染；全国有 1/5 耕地受到重金属污染，每年因此而减产粮食 1 000 多万吨。另外，化肥中的有害物质随施肥进入农田土壤造成重金属污染，每年被重金属污染的粮食多达 1 200 万吨。

土壤污染

（3）部分农产品质量下降。目前影响我国农产品安全的主要问题是农药、兽药残留，重金属残留和硝酸盐污染。2005 年 4 月，农业部组织有关质检机构对我国 37 个城市蔬菜农药残留状况的监测结果表明：52 种蔬菜 3 845 个样品中，农药残留超标样品 318 个，超标率为 8.3%。频繁过量施用氮肥，导致蔬菜中硝酸盐含量严重超标，某些磷肥含氟、镉和砷等有害物质，增加了蔬菜、粮食中氟和重金属含量。北京市市场的叶菜类蔬菜 60%～70% 硝酸盐含量超标，果菜类蔬菜 20%～30% 硝酸盐含量超标，菠菜硝酸盐含量高达 2 358 毫克/千克，萝卜达 2 177 毫克/千克，大白菜达

3 225毫克/千克，北京市民砷日摄取量已是世界卫生组织规定标准的120％。

农田重金属污染

（4）农村恶性肿瘤的发病率和死亡率持续升高。监测资料显示：由于过量施用农药、化肥，以及公共卫生设施落后，有些农村地区的生态环境出现了明显恶化，对人体健康造成了不利影响。农村居民恶性肿瘤的发病率和死亡率呈现出持续升高的趋势。农村居民恶性肿瘤的发病率和死亡率总体上已高于城市居民。

肠道传染病高发是目前我国农村 5 岁以下儿童主要死因之一。此外，农村婴儿出生缺陷发生率也呈逐年上升趋势，孕期接触农药使婴儿发生出生缺陷的危险性提高 1.22 倍。

秸秆饲料化利用

农业一方面为人类创造财富和原料，另一方面，农业的发展又反过来制约着人类的生存环境。正视问题，才能更好地解决问题。农业与生态的关系，已经引起各级政府和专家学者的重视。许多学者根据生态学的基本原理，提出了"有机农业"、"生物农业"和"生态农业"的发展方向，建设优质、高产、低耗的农业生态系统，提高农业生产水平。各地也总结出了一系列专项、综合的治理办法，大力推广低能耗、低污染的生态农业新技术，如：为了减少白色污染而研制的光解膜、生物农药、生物化肥、秸秆还田、节水灌溉等措施，减少农药、化肥、塑料薄膜的使用，防止过度开发对农业生态系统造成的负面影响。

相信经过努力，人类能够建立起人与自然、农业与环境和谐共处、协调发展的生态系统。

第六节　农药与生物防治

一直以来，北京植物园的柏树深受双条杉天牛的危害。1998 年，北京植物园计划对园内的柏树实施防治。一次实验中，技术人员意外发现一只天牛幼虫的外皮上分布着斑点状的鼓包，且行动相当迟缓，这只天牛幼虫被列为重点观察对象。7 天后，天牛幼虫死亡，但令人惊讶的一幕发生了：幼虫身上涌出数千只粉色的小虫，每只虫的体长仅为人头发丝截面的三分之一。随后，技术人员鉴定这些小虫为蒲螨，并将它们放在天牛幼虫上做实验。结果证明，身长不到 1 毫米、只能躲在树皮下生存的蒲螨，原来是一种寄生性天敌，也是双条杉天牛的克星。

2003 年，北京植物园因此获得了两项国家专利：一是蒲螨的替代寄主繁殖技术；二是蒲螨的规模化繁殖。这项专利被国内多个城市引进，以对付天牛。

利用自然界的生物平衡，以虫治虫，是生物防治的一种形式。

生物防治

据统计，由于各种病、虫、草害，全世界每年损失的粮食约占总产量的一半，而使用农药可以挽回总产量的 15% 左右，因此，农药对于农业是十分重要的。农药是目前农业生产中使用最普遍和最广泛的病虫害防治手段。农药的使用给农业生产带来巨大经济效益的同时，也对人类健康和环境产生了突出的负面影响。由于长期大量施用化学农药，使其在自然环境中的有害代谢物、降解物对空气、水源、土壤和食物产生不同程度的污染，破坏生态系统，引起人和动、植物的急性或慢性中毒，给人类赖以生存的环境带来危害。

世界上化学农药的品种超过 1 000 种，常用的有 250 种左右，年产量数百万吨。最早使用的农药为无机化合物。在 1940 年前后开始使用滴滴涕、六六六等有机氯化合物农药，由于价格低廉，并具有长效杀虫能力，迅速成为最主要的农药品种。但有机氯化合物农药具有积累性和不易降解的缺陷，许多国家从 20 世纪 60 年代起开始禁止或限制使用，转而使用有机磷农药。

农药对蔬菜瓜果污染的一个重要原因是部分生产者违反农药使用规范，滥用高毒和剧毒农药或在接近收获期使用农药。最多出现农药污染的蔬菜瓜果，通常是易于生虫和生虫后难于防治的品种。根据各地蔬菜市场监测综合分析，农药污染较重的蔬菜有白菜类（小白菜、青菜、鸡毛菜）、韭菜、黄瓜、甘蓝、花椰菜、菜豆、苋菜、番茄等，其中韭菜、小白菜、油菜受到农药污染的比例最大。青菜虫害中小菜蛾抗药性较强，用普通杀虫剂效果差，种植者为了尽快杀灭小菜蛾，不择手段使用高毒农药；韭菜虫害中韭蛆常常生长在菜体内，表面喷洒杀虫剂难以起作用，所以部分菜农用大量高毒杀虫剂灌根，而韭菜具有的内吸毒特征使得毒物遍布整个株体，此外，部分农药和韭菜中的硫结合，毒性增强。

农药施用后，一部分附着于植物体上，或渗入株体内残留下来，使粮食、蔬菜、水果等受到污染；另一部分散落在土壤中，或蒸发、散落到空气中，或随雨水及农田排水流入河湖，污染水体和水生生物。农产品中的残留农药通过饲料，污染禽畜产品。农药残留通过大气、水体、土壤、食品，最终进入人体，引起各种慢性或急性病害。

据世界卫生组织报道，发展中国家的农民由于缺乏科学知识和安全措施，每年有 200 万人农药中毒，其中有 4 万人死亡，平均每 10 分钟有 28 人中毒，每 17 分钟有 1 人死亡！而这还不包括因农药污染而导致死胎、致癌、流产的受害者。通过对 68 个国家的调查，急性中毒的人有 93％是由有机氯、有机磷和汞制剂等农药所引起。

容易造成环境污染以及危害较大的农药，主要是那些性质稳定，在环境或生物体内不易降解转化，又具有一定毒性的品种，如滴滴涕等持久性高残留农药。为此，研究筛选高效、低毒、低残留和高选择性新型农药，已成为农业领域的重要课题。

由于化学农药的长期使用，一些害虫已经产生很强的抗药性，而许多害虫的天敌又大量被杀灭，致使一些害虫十分猖獗。许多种化学农药严重污染水体、大气和土壤，并通过食物链进入人体，危害人类健康。因此，利用生物防治病虫害，能够有效地避免上述弊端，具有广阔的发展前途。

七星瓢虫

所谓生物防治，就是利用生物物种间的相互关系，以一种或一类生物抑制另一种或另一类生物的方法。生物防治的最大优点是不污染环境、对人和其他生物安全、防治作用比较持久、易于同其他植物保护措施协调配合并能节约能源等，是降低杂草和害虫等有害生物种群密度的一种有效方法，目前已成为植物病虫害和杂草综合治理中的一项重要措施。

生物防治大致可以分为以虫治虫、以鸟治虫和以菌治虫三大类。

（1）利用寄生性天敌防治。主要有寄生蜂和寄生蝇，最常见的是赤眼蜂，赤眼蜂可以防治玉米螟、棉铃虫和稻纵卷叶螟；平腹小蜂可以防治荔枝蝽；丽蚜小蜂可以防治温室白粉虱；肿腿蜂防治天牛；花角蚜小蜂防治松突圆蚧等。寄生蝇主要防治松毛虫等害虫。

啄木鸟

（2）利用捕食性天敌防治。这类天敌很多，主要为食虫、食鼠的脊椎动物和捕食性节肢动物两大类。鸟类有山雀、灰喜鹊、啄木鸟等捕食害虫的不同虫态。鼠类天敌如黄鼬、猫头鹰、蛇等；节肢动物中捕食性天敌有瓢虫、螳螂、蚂蚁等昆虫和螨类；中华草蛉可防治柑橘叶螨，七星瓢虫可防治棉蚜，一只草蛉幼虫每天可吃掉百来只蚜虫，而一只七星瓢虫每天大约能吃掉138只蚜虫。我们生活中常见的蜘蛛也是捕食性天敌中的主要类群。

（3）利用微生物防治。常见的有应用真菌、细菌、病毒和能分泌抗生物质的抗生菌。在生物防治上最重要的是苏云金杆菌，苏云金杆菌各种变种制剂能防治多种林业害虫（细菌）；白僵菌主要防治马尾松毛虫（真菌）；病毒粗提液主要防治蜀柏毒蛾、松毛虫、泡桐大袋蛾等（病毒）；5406主要防治苗木立枯病（放线菌）；微孢子虫防治舞毒蛾等的幼虫（原生动物）；泰山1号主要防治天牛（线虫）等。

　　利用天敌防治害虫的实践在中国由来已久。晋代《南方草木状》中，已有利用黄猄蚁防治柑橘害虫并将蚁巢作为商品出售的记载。至今，广东等地仍用其防治柑橘长吻蝽。此外，保护青蛙以消灭害虫、利用家鸭放养以防治飞蝗和稻田中的蝼蛄，也有较长的历史。曾从菲律宾把甘薯引种到福建的明朝人士陈经

养鸭治蝗

纶，就发明了养鸭治蝗的方法。他在种植甘薯的过程中，观察到飞来的一群蝗虫把薯叶全给吃光了，一会儿蝗虫又被飞来的鹭鸟吃掉了。他受此启发，认为鸭和鹭的食性差不多，便养了些鸭子，结果发现，鸭子也吃蝗虫，于是就号召当地老百姓大量养鸭。每当春夏之间，便将鸭子赶到田地里去吃蝗虫，有效地缓解了当地的虫害问题。

　　在自然界中，每种植食性昆虫都受到一种或多种天敌的控制。因此，人工大量繁殖和释放天敌对某些害虫有明显的防治作用。如美国白蛾是一种食性杂、繁殖量大、传播途径广的世界性检疫害虫。据了解，21世纪初美国白蛾开始侵入我国，属于外来有害生物。美国白蛾是危害林业的主要有害生物，而周氏啮小蜂具有极强的飞翔和搜寻寄主能力，它通过寄生吸取美国白蛾老熟幼虫

技术人员正在为周氏
啮小蜂建造家园

和蛹的营养物质，完成自身发育并繁育后代。这种以虫治虫的方法，既不污染环境，而且对人和牲畜安全，是一种无公害、环保的防治方法，防治效果持久。

现在，世界各国都在研究繁殖不同的天敌种类。其中，赤眼蜂是研究最多和应用最广的类群，对防治粮食、棉花、果树、蔬菜和林木的多种害虫都有效果。中国的赤眼蜂以松毛虫赤眼蜂、玉米螟赤眼蜂、拟澳洲赤眼蜂、稻螟赤眼蜂等最为常见。

赤眼蜂

病原微生物，如苏云金杆菌和乳状菌已在许多国家作为商品生产。苏云金杆菌和它所产生的毒素对菜粉蝶、小菜蛾、棉铃虫、粉纹夜蛾、玉米螟、三化螟、稻苞虫、松毛虫等百余种害虫有防治效果。

瓢虫、丽蚜小蜂、捕食螨、草蛉、多种寄生蜂和寄生蝇的繁殖利用面积也在扩大。

随着基础研究的深入，更多地利用天敌的不同生物学特性来防治有害生物，减少化学农药的使用，保护自然生态平衡，正日益成为世界各国的共识。

第七节　我国主要粮食作物分布规律

农业是人类利用植物或动物生长、繁殖机能，通过人工培育，获得食物、工业原料和其他农副产品，以解决人们吃、穿、用等基本生活资料的生产部门。它既是人类赖以生存和发展的首要条件，又是国民经济其他部门得以存在和发展的基础。

中国是世界重要产粮国之一，粮食作物种类多、分布广、地域差异大。中国栽培较普遍的粮食作物共有 20 余种，其中稻谷、小麦、玉米、大豆和薯类是五个主要粮食作物品种，此外还有高粱、谷子等杂粮作物。主要粮食作物中又以稻谷、小麦、玉米分布最广，产量最多，2011年，全国三大粮食作物总产量超过 5 亿吨，达到 51 045 万吨。其中，稻谷产量居于首位，总产量突破 2 亿吨，占粮食总产量的 40% 左右；玉米总产量 19 175 万吨，位于第二位；小麦总产量 11 792 万吨，位居第三位；三者合占全国粮食总产量的 86% 以上。中国粮食产量约占世界粮食产量的 22.8%，稻谷、甘薯产量均占世界第 1 位，小麦和玉米、谷子居第 2 位，大豆和高粱居第 3 位。

中国领土辽阔，农业类型多样，农业生产具有强烈的地域性，地区差异十分明显。不同作物、或同种作物的不同品种类型，对气象条件的要求有差异，从而形成分布上的区域性。

从地理上看，秦岭、淮河以北的东北区、内蒙古长城沿线区、黄淮海区、黄土高原区，是中国各种旱粮作物的主产区；秦岭、淮河以南的长江中下游区、西南区、华南区，是中国水稻以及亚热带、热带经济作物主产区。

秦岭、淮河以南，青藏高原以东，以稻谷生产为主，同冬作植物（小麦、油菜、蚕豆、豌豆、绿肥）进行复种轮作，实行一年两熟或三熟制，粮食耕地复种指数约 195%。

秦岭、淮河以北以小麦生产为主，在其偏南的冬麦区主要和夏作植物（玉米、谷子、大豆、绿肥）轮作，实行两年三熟或一年两熟，粮食耕地复种指数约 150%，在其偏北的春麦区主要同糜子、谷子、马铃薯、玉米、豌豆等轮作，以一年一熟为主，粮食耕地复种指数约 115%。

东北 3 省大部分地区以玉米、大豆、高粱、谷子为主和小麦轮作，基本上实行一年一熟，粮食耕地复种指数低于 100%。

西部青藏高寒山区以青稞、豌豆、春麦为主，实行轮歇轮作，粮食耕地复种指数约 95%。

间作套种图

我国主要农作物的品种十分丰富，粮食作物中谷类作物有：水稻、小麦、玉米等；豆类作物有：大豆、蚕豆、豌豆等；薯芋类作物有：甘薯、马铃薯、木薯等。其中，大豆既是很好的植物油料，又含有丰富的蛋白质，按其用途和植物学分类相结合，属于粮食作物中的豆类。

　　稻谷是我国主要粮食作物之一。我国种植稻谷有着悠久的历史，是世界上产稻谷最多的国家。稻谷在全国粮食生产和人民生活消费中均占第一位。我国主要以种植水稻为主，分为籼稻、粳稻和糯稻。

　　水稻在我国分布很广，除了个别高寒或干旱地区以外，从北纬18.5°的海南岛到北纬52°的黑龙江呼玛县，从东部的台湾到西部的新疆都有分布。水稻的分布广而不均，南方多而集中，北方少而分散。大致分为两大产区：

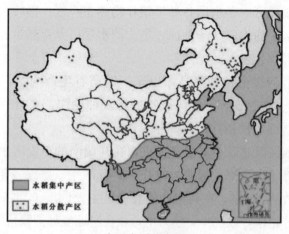

中国水稻分布图

　　（1）南方稻谷集中产区。秦岭—淮河以南，青藏高原以东的广大地区，水稻面积占全国的95%左右。按地区差异，又可分为三个区。①华南双季籼稻区。包括南岭以南的广东、广西、福建、海南和台湾等五省区。该区属于热带和亚热带湿润区，水、热资源丰富，生长期长，复种指数大，是我国以籼稻为主的双季稻产区。海南等低纬度地区有三季稻的栽培。②长江流域单、双季稻区。包括南岭以北、秦岭—淮河以南的江苏、浙江、安徽、江西、湖北、湖南、重庆、四川、上海等省市和豫南、陕南等地区。该区地处亚热带，热量比较丰富，土壤肥沃，降水丰沛，河网湖泊密布，灌溉方便，历年来水稻种植面积和产量分别占全国2/3左右，是我国最大的水稻产区。长江以南地区大多种植双季稻，长江以北地区大多实行单季稻与其他农作物轮作。籼稻和粳稻均有分布。③云贵高原水稻区。本区地形复杂，气候垂直变化显著，水稻品种也有垂直分布的特点，海拔 2 000 米左右地区多种植籼稻，1 500 米左右地区是粳、籼稻交错区，1 200 米以下种植籼稻。本区以单季为主。

（2）北方稻谷分散区。秦岭—淮河以北的广大地区是属单季粳稻分散区。稻谷播种面积占全国稻谷总播种面积的 5% 左右。具有大分散、小集中的特点。主要分布在以下三个水源较充足的地区：东北地区水稻主要集中在吉林的延吉、松花江和辽河沿岸；华北主要集中于河北、山东、河南三省及安徽北部的河流两岸及低洼地区；西北主要分布在汾渭平原、河套平原、银川平原和河西走廊、新疆的一些绿洲地区。北方分散产区的水稻以一季粳稻为主，稻米质量较好。

小麦也是我国主要的粮食作物。小麦播种面积和产量分别占粮食的 26.7% 和 23%，2011 年小麦总产量 11 792 万吨，广布全国，以黄淮海平原及长江流域最多，可分冬小麦和春小麦，其中，冬小麦种植面积和产量均占小麦 80% 以上。全国有 14 省、市、区种植春小麦，主要分布在长城以北，岷山、大雪山以西地区，占全国春小麦面积的 85% 以上。冬小麦可分为北方和南方两大区：长城以南、六盘山以东，秦岭、淮河以北为北方冬麦区，面积和产量均占全国冬小麦的 70% 左右，大都和玉米、甘薯、高粱、谷子、大豆等轮作，多实行二年三熟，部分一年一熟或一年二熟。折多山以东、淮河秦岭以南属南方冬麦区，大部地区实行麦稻两熟制或麦稻稻、麦豆稻、稻麦肥等三熟制。但长江以南、湖南以东各省区小麦种植很少，如江西、广东和广西。

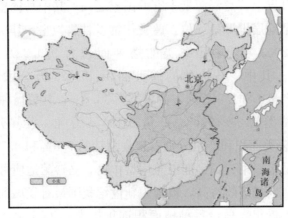

中国小麦分布图

玉米是中国三大粮食作物之一。玉米在粮食作物构成中仅次于水稻。按国家统计局数据，2011年全国玉米播种面积3 140万公顷，产量达创纪录的1.918亿吨，占粮食产量的33.9%，成为仅次于水稻产量的作物。中国社科院《农村绿皮书》预计2012年玉米产量将超过稻谷产量，成为中国第一大粮食作物。玉米的主要集中栽培区是从黑龙江省大兴安岭，经辽南、冀北、晋东南、陕南、鄂北、豫西、四川盆地四周及黔、桂西部至滇西南，面积占全国玉米面积的80%左右，其中东北多于西南。东北和西北地区以一熟春播玉米为主。黄淮海平原和西南山地为春播、夏播玉米混合区。华北地区二年三熟制多采用春播玉米晚熟种，一年二熟制则用夏播玉米早熟种。云贵川三省在海拔300～2 500米均有分布，在1 000米以上多为一熟春播晚熟种。长江中下游及华南各省区为春播、夏播、秋播玉米混合区。

高粱、谷子、大豆是我国农作物中的主要杂粮。主要分布于中国北方和东北地区。辽、吉、黑三省和华北各省区高粱面积和产量约分别占全国的78%和86%，是洼涝盐碱地区的主要作物。谷子耐旱性强，全国95%的谷子面积集中分布于黄土高原、黄淮海平原、松辽平原和内蒙古西部和东南部。东北和西北以春谷为主，华北夏谷居多。

大豆原产中国，栽培历史悠久，主要集中分布在东北的沈阳—哈尔滨—克山铁路两侧平原地带，松花江下游，黄淮海平原的鲁西南、豫东、冀东北及晋西北和苏皖两省淮北地区，大豆面积和产量分别占全国的76%和80%。

中国是世界上薯类资源最丰富的国家之一，其中马铃薯和甘薯的种植面积和产量均居世界第一位。薯类作物以甘薯为主，其次为马铃薯和少量木薯。2003年，中国薯类的播种面积为970.2万公顷，总产3 513.3万吨。其中，马铃薯的播种面积452.23万公顷，占薯类的46.6%，总产量1 361.9万吨，占薯类的38.8%；甘薯播种面积517.97万公顷，占薯类的53.4%，总产量2 151.4万吨，占薯类的61.2%。2003年全国薯类面积和产量分别占粮食总计的9.8%和8.2%。

马铃薯是粮、菜、饲、加工兼用型作物。马铃薯适应性广、丰产性好、营养丰富、经济效益高，被誉为新世纪我国最有发展前景的高产经济作物之一。近年来马铃薯种植面积逐年扩大，2005年，全国马铃薯播种面积 488 万公顷，总产量 7 086.5 万吨；2010 年，中国马铃薯种植面积与产量分别达到 520 万公顷和 8 154 万吨。目前，中国马铃薯产业快速发展，种植面积和鲜薯产量均居世界首位，已成为世界上继水稻、小麦和玉米之后的第四大粮食作物。

甘薯除青藏高原外，各地均有，以黄淮海平原、长江中下游、珠江流域和四川盆地最多。黄淮海平原和长江中下游以夏秋薯为主，华南沿海以秋冬薯为主，内蒙古东部及东北三省以春薯为主。马铃薯主要分布在东北、内蒙古和西北各地。木薯集中分布在南岭以南的两广、滇南。

农作物分布主要受生长季节、越冬条件、积温和水分条件等制约。高海拔地区作物栽培的最高海拔界限，主要由温度条件决定。有显著旱季雨季的地区，降水是决定作物栽培区的支配条件。在中国，冬小麦种植北界大致和多年平均极端最低气温 $-22 \sim -24℃$ 线相吻合；喜温的茶、柑橘等主要分布在长江以南；喜凉的莜麦、马铃薯则多分布于山西北部和内蒙古、黑龙江等地；抗旱的黍稷、粟可在半干旱地区种植；喜湿的水稻则主要分布在湿润地带。同一作物的不同品种类型分布地区也不一致，如感光性弱的大豆品种，多分布于高纬度地区；感光性强的大豆品种多分布在中纬度地区。宽皮类柑橘和甜橙类的受害温度分别为 $-9℃$ 和 $-7℃$，故前者的分布区域可比后者偏北一些。气象条件对作物分布的制约，决定了作物品种种植要充分注意其生物学特性和农业气候的特点。

除粮食作物外，中国还生产大量的经济作物，如，①纤维作物：棉花、大麻、亚麻等；②油料作物：油菜、花生、芝麻、向日葵等；③糖料作物：甘蔗、甜菜等；④特用作物：烟草、茶叶、桑等。

第三章

农 业 与 科 技

　　科技改变生活。当今，现代高新技术在农业生产中的应用越来越广泛，并显示出了巨大的发展潜力。如生物技术、转基因技术、克隆技术、杂交育种技术、航天技术、核辐射技术、遥感技术等已经在农业生产上发挥了巨大作用，并深刻地影响了人们的食物结构和生活习惯与方式。

　　在现代农业中，科技创新作用的发挥从根本上决定着农业发展的速度和质量。比如，19世纪40年代植物矿质营养学说的创立，有力推动了化肥的生产与使用，极大地提高了粮食生产能力；20世纪初，杂种优势理论的应用，培育出了更多的动植物良种，已成为一项有效的农业增产手段。

　　有关研究表明，在现有的科技成果中，优良品种可以使农作物产量提高8%～12%；增施化肥并改进施肥方法可提高农作物产量约16%；耕作方法和栽培技术的革新使农作物增产4%～8%；而对农作物实施病虫草害综合防治可挽回产量 10%～20%。根据农业部最新统计显示，我国近一半的农业增产来自科技的贡献。2011 年我国粮食生产中农业科技的贡献率达到 53.5%，这其中，农业科技功不可没。

农业的根本出路在于科技进步。随着农业发展，科技进步的作用将更为突出。我国未来的农业发展出路在科技，潜力在科技，希望也在科技。

第一节　现代生物技术

近些年来，以基因工程、细胞工程、酶工程、发酵工程和蛋白质工程为代表的现代生物技术发展迅猛，并日益影响和改变着人们的生产和生活方式。

如果你环顾四周，你就可以看到生物科技带来的诸多好处：

用生物技术制造的乙肝疫苗可预防使肝脏损伤且难以治愈的疾病，也防止了肝癌的发生，每年百万人受益，成为"第一个抗癌疫苗"。

治疗心脏病的生物技术药物"clot buster"用于临床，这种溶栓药对治疗血栓引起的心脏病发作效果显著，冠心病的死亡率下降了 25%。

2005 年第一个商业化生物技术药物源的人工合成胰岛素进入市场，为糖尿病患者带来福音。

生物技术使乳腺癌、白血球过多症、淋巴瘤或其他癌症患者的存活率大大增加；可缓解类风湿关节炎的疼痛和关节损伤的进程。未来生物技术还将在治疗骨质疏松、牛皮癣、狼疮、中风、贫血症、耐药性肺结核、肝炎、慢性疲劳症、囊性纤维病和一些少见的遗传病方面为人类提供帮助。

除此之外，现代生物技术的成果越来越广泛地应用于农、林、牧、渔、医药、食品、能源、化工、轻工和环境保护等诸多领域。生物技术的迅猛发展，改变着人类的生活与观念，影响着人类社会的发展进程。

生物技术正为人类创造着神奇。

所谓生物技术，是指人们以现代生命科学为基础，采用先进的科学技术手段，运用生物化学、分子生物学、微生物学、遗传学、细胞生物学、胚胎学、免疫学等原理与生化工程相结合，按照人们预先的设计来改造或重新创造细胞的遗传物质，培育出新品种，为人类生产出能达到某种目的的产品技术。简言之，就是将活的生物体、生命体系或生命过程产业化的过程。

生物技术也称生物工程，是一门新兴的综合性学科。包括：①重组DNA技术；②细胞和原生质体融合技术；③酶和细胞的固定化技术；④植物脱毒和快速繁殖技术；⑤动物和植物细胞的大量培养技术；⑥动物胚胎工程技术；⑦现代微生物发酵技术；⑧现代生物反应工程和分离工程技术；⑨蛋白质工程技术；⑩海洋生物技术。

近些年来，现代生物技术的发展越来越引人注目，逐渐呈现出两个显著的特点：其一，现代生物技术可以突破物种界限，有效地改造生物有机体的遗传本质；其二，现代生物技术带来的经济效益和社会效益日益显著。

生物技术在农业领域具有广泛的应用前景。以提高产量、增加抗性、改善品质为目标的育种技术，通过植物基因工程，改良作物蛋白质成分，提高作物中必需的氨基酸含量，培育出抗病毒、抗虫害、抗除草剂以及抗盐碱、抗寒、抗旱等农作物品种。利用生物技术，可以实现用更少的土地种植更多的作物；可以在恶劣的气候环境下生产作物，同时减少农药的使用；还可以改善食品的营养和口感等。

生物技术给农作物带来的好处在于：

（1）通过品种基因改良提高农作物产量。已经培育出 7 500 千克/公顷的超级水稻、1.125 万千克/公顷的高光效水稻、3 万千克/公顷的高光效玉米和增产 10 倍的超级木薯。

（2）通过引入特定的基因，改变动植物的品质。已培育出高赖氨酸的玉米、小麦、水稻；可榨取有益心脏的食用油的大豆和味道更鲜美且更容易消化的强化大豆新品种，提高作物的营养价值。

转基因抗虫棉

（3）在植物中引入对人体无害的抗虫基因，可减少农药的使用。一些转基因棉花、玉米、大豆等已具有抗虫害、抗除草剂的能力。新培育的特种转基因棉花，能生产出天然颜色的纤维并提高棉花纤维的弹性和强度。

如今，科学家们利用 DNA 技术和普通农作物相结合来生产各种药物混合物。科学家们已经成功地把基因植入到大麦、玉米、水稻、胡萝卜、土豆、苜蓿、香蕉和番茄中。改良的基因作物不仅可以生产蛋白质，也可以利用水果、蔬菜生产抗肝炎、霍乱等传染病的食用疫苗。这些能生产药物的改良作物通常被称作"药作物"。

生物技术在畜牧业上应用所获得的益处与农作物相似。将克隆和转基因等生物技术应用于动物，不但能保留高品质动物的高产性能，而且，转

转基因棉

基因动物的出现则使人类用生物技术建造"动物药厂"的梦想出现了曙光。

1998 年初，上海医学遗传研究所传出了震惊世界的消息：中国科学家经过艰辛探索获得 5 只转基因山羊，其中一只奶山羊的乳汁中，含有堪称血友病人救星的药物蛋白——有活性的人凝血因子。转基因羊的出世，在世界上引起轰动。

转基因动物就像一座天然原料加工厂，可以源源不断地提供人类所需要的宝贵产品。经动物体内自然加工的产品，可直接分泌到乳汁中，便于收集，也不需要制造基因药物花费昂贵投资的特殊设备，而且，它的产量之高，也出乎意料。科学家们测算，一只转基因羊提供的活性蛋白，相当于上海全年献血总量所含蛋白质的总和。2011 年 4 月，中国首个转基因动物——人乳铁蛋白转基因奶牛技术已获准进入转基因生物安全生产性试验。未来，因为饲养转基因动物，畜牧业的面貌将大为改变，成为具有高额利润的新型高科技产业。

目前，生物技术正在酝酿新的突破，表现在几个方面：

生物芯片技术。利用 DNA 芯片技术，可以研究基因表达的时空差

异。这种差异构成包括人类在内所有生命体的生长和发育过程，有助于深入探索生命过程的本质。利用微电子芯片的光刻技术、纳米技术和其他方法，将成千上万甚至更多的生命信息集成在一个很小的芯片上，可以监测到遗传信息个体差异、预测外貌长相、性格特征。利用DNA芯片技术，还可以寻找基因和疾病，特别是和癌症、传染病、遗传性疾病的相关性，据此来预知每一个人未来可能患什么病和患这些病的概率和时间，从而预防可能发生的疾病。医学的主要任务将由治疗转为防病，这将是医学史上的一次重大革命。

农业信息化

转基因动植物生产药物蛋白是一种全新的药物生产模式。目前国际上正在培养奶汁当中含有药物成分的牛、羊，已经成功生产出很多贵重的药用蛋白。从效益上估计，一头转基因母山羊可以抵一座投资1亿美元的药厂。同时，转基因动物还能够提供人体器官移植所需要的器官。将来世界将遍布"动物药厂"。

干细胞及其衍生组织器官的临床应用，产生了一种革命性的治疗技术——干细胞治疗技术。也就是再造正常的甚至年轻的组织器官，或者说可以通过这种技术使任何人利用自己或者他人的干细胞和干细胞衍生的新器官，代替病变或衰老的组织器官，从而推动了一门新兴学科——再生医学的发展。

此外，生物学家们正尝试运用生物技术开发出能够将植物中的纤维素降解进而转化为可以燃烧的酒精等新能源。自然界有取之不尽的植物纤维素资源，这项技术的突破有可能成为能源技术的新方向。

现代生物技术被广泛应用于农业、医疗、新能源等领域，显示出解决人类所面临的资源短缺和环境污染等问题的巨大作用与潜力。

以破译生命秘密和根据人类需要重新设计新生命体的基因工程逐渐产业化为标志，一场以生物技术为背景的新技术革命的序幕正在慢慢拉开。这是人类对于自然世界认识的一次伟大的升华，它将对人类社会发展产生深远的影响。

第二节　杂交育种技术

杂交育种是指不同种群、不同基因型个体间进行杂交、重组，把生物不同品种间的基因重新组合，以便使不同亲本的优良基因组合到一起，通过培育和选择，创造出对人类有益的新品种的方法。杂交育种的遗传学原理是基因的自由组合规律。通过杂交培育出的品种，是人们利用生物的变异，通过长期的选择，汰劣留良，培育出来的优良品种。

杂交育种中应用最为普遍的是品种间杂交（两个或多个品种间的杂交），其次是远缘杂交（不同种、属间的杂交）。

在生产上，常常把用杂交方法培育优良品种或利用杂种优势都称为杂交育种，事实上，两者之间是有区别的。

杂交育种过程就是要在杂交后代众多类型中选留符合育种目标的个体进一步培育，直至获得优良性状稳定的新品种。杂交育种不仅要求性状整齐，而且要求培育的品种在遗传上比较稳定。品种一旦育成，其优良性状即可相对稳定地遗传下去。

杂种优势则主要是利用杂种的优良性状，而并不要求遗传上的稳定。作物育种上就常常在寻找某种杂交组合，通过年年配制杂交种用于生产的办法，取得经济性状，而并不要求其后代还能够保持遗传上的稳定性。

在生物界，杂种优势是普遍存在的现象。早在2000多年前，我国劳动人民就用马和驴交配而获得体力强大、耐力好的杂种——骡，首创了利用杂种优势的先例。

而植物的杂种优势通常表现在生长势增强，产量增加，抗病性增强，品质变好。在生理代谢上表现为合成能力增强，抗逆性增强，光合作用增强等。

目前，杂交育种已经成为动植物育种的基本方法。在粮食生产领域，我国的杂交育种技术已经站在世界种业领域的最高领奖台上。袁隆平和李登海分别被称为"中国杂交水稻之父"和"中国杂交玉米之父"，他们所取得的成就解决了人类的粮食问题，也获得了世界的认可。

在袁隆平着手杂交水稻研究之前，不仅美国、日本、印度、前苏联、菲律宾等国家都相继开展了水稻杂交育种研究，中国也有不少学者在此领域作出了十余年的艰难探索。我国现代稻作学奠基人丁颖院士1929年就开始了利用野生稻资源与栽培稻杂交的研究，还用印度的野生稻与本地的栽培稻育成其他的品种。当时，丁颖院士育成的杂交稻品种有20多个，著名的优良品种有"中山一号"等。他还总结了杂交稻育种与纯系育种法等水稻育种的一系列理论，并在1933年发表了《广东野生稻及野生稻育成之新品种》一文。丁颖的工作意义不仅开创了水稻杂交育种的先河，而且大大丰富了我国近代水稻育种的理论，也为后来杂交水稻的发展开创了道路。

袁隆平研究杂交水稻

20世纪70年代，以杂交稻之父袁隆平为代表的杂交水稻育种取得了举世瞩目的重大发明。袁隆平自1964年起开始研究三系杂交育种，终于在1973年将雄性不育系、恢复系和保持系三系配套成功。1973年，以袁隆平为首的科学家，挑战"自花授粉作物没有杂交优势"的经典遗传学理论，全国协作攻关，于1976年率先在世界实现了杂交水稻的"三系"配套，并在全国大面积推广，取得了由常规稻到杂交水稻的第二次绿色革命突破。杂交水稻被誉为中国的第五大发明，这项重大农业科技成果获1981年国家特等发明奖。

超级稻

超级稻组合

以袁隆平为首的科研团队成功地培育了杂交水稻，掀开了水稻生产史上崭新的一页，并使我国成为世界上第一个成功培育杂交水稻并大面积应用于生产的国家。截至 1999 年，我国已累计种植杂交水稻 2 亿多公顷，增产稻谷 3 亿多吨。杂交水稻的广泛应用大幅度提高了水稻产量，为解决我国十几亿人口大国的粮食自给难题做出了不可磨灭的贡献。

杂交水稻有"三系"、"两系"和"一系"之分。

水稻的"三系配套"育种，是指雄性不育系、保持系和恢复系三系配套育种，不育系为生产大量杂交种子提供了可能性，借助保持系来繁殖不育系，用恢复系给不育系授粉来生产雄性恢复且有优势的杂交稻。

雄性不育系：是一种雄性退化（主要是花粉退化）但雌蕊正常的母水稻，由于不能自花授粉结实，只有依靠外来花粉才能受精结实。因此，借助这种母水稻作为遗传工具，通过人工辅助授粉的办法，来生产杂交种子。

保持系：是一种正常的水稻品种，它的特殊功能是用它的花粉授给不育系后，所产生后代，仍然是雄性不育的。因此，借助保持系，不育系就能一代一代地繁殖下去。

恢复系：是一种正常的水稻品种，它的特殊功能是用它的花粉授给不育系所产生的杂交种雄性恢复正常，能自交结实，如果该杂交种有优势的话，就可用于生产。

两系杂交稻：是一种命名为光温敏不育系的水稻，其育性转换与日照长短和温度高低有密切关系，在长日高温条件下，它表现雄性不育；在短日平温条件下，恢复雄性可育。利用光温敏不育系发展杂交水稻，在夏季长日照下可用来与恢复系制种，在秋季或在海南春季可以繁殖自身，不再需要借助保持系来繁殖不育系，因此用光温敏不育系配制的杂交稻叫做两系杂交稻。

经过了 9 年科技攻关，1995 年我国两系即雄性不育系和恢复系配套取得突破，并应用于大规模生产。

一系杂交水稻：一系法是不再需要年年制种，种子优势没有变异，更是一个由繁而简，由低级向高级进步的过程。

进入 20 世纪 80 年代，全世界常规稻、杂交稻产量均徘徊不前。1981 年日本率先开展了水稻超高产育种研究。1994 年，国际水稻研究所育成"新株型稻"，"超级稻"研究引起世界各产稻国的极大关注。袁隆平等科学家针对我国杂交水稻从品种间杂交到籼粳亚种间杂交，转型育种突破中遇到的生育期偏长、结实率偏低、充实度差、容易早衰等"四大难题"，倡导"中国超级稻育种"战略。我国也在 1996 年立项中国超级稻育种计划，并很快破解了超级稻育种的"四大难题"。自 1998 年以来，农业部确认了 69 个超级稻品种。这些新品种、新组合百亩片单产均达 700～800 千克的潜力。据统计，"十一五"以来，经农业部确认的超级稻品种推广面积累计达到 1 460 万公顷，其中 2008 年全国超级稻品种推广面积 556 万公顷，占全国水稻面积的 19.2%。

杂交玉米之父——李登海

杂交玉米

目前，袁隆平研究培育的超级杂交稻亩产已超过了 900 千克。

我国杂交玉米的研究是在 20 世纪 80 年代开始起步的。当时，山东省莱州的农村青年李登海中学毕业后回乡务农搞科学种田。

玉米是高秆植物，我国玉米的主要品种是平展型的，叶片长出来后平展，之后下垂，造成的结果是互相遮光，株数少，很难高产。于是，李登海开始研究选育紧凑型的高产玉米杂交种。提出了"紧凑型＋杂种优势"的育种理论及"以紧凑型玉米杂交种为核心、以播种为基础、以密度为保障、以肥水调控为重点"的技术路线。

杂交玉米培育只有 12 万分之一的成功率。李登海经过八年的时间成功培育了中国第一个紧凑型玉米品种——掖单 2 号，这个品种的玉米是一种高光效株型，茎叶夹角小，叶片挺直上冲，透光性非常好，适合高密度种植。其叶向值、消光系数、群体光合势、光合生产率等生理指标更趋合理，实现了"五个突破"：种植密度提高 50%；叶面积指数提高 50%；经济系统提高 50%；高密度情况下单株生产力提高 50%；单产提高了 60%。玉米种植密度平均增加 1 000～1 500 株。大面积推广亩产达到 776.9 千克。经玉米育种界和栽培界专家学者论证，认为李登海提出并育成的紧凑型玉米杂交种取代平展型玉米杂交种，是我国玉米育种与栽培史上具有划时代意义的一次大的提升、大的革命和大的跨越，开启了我国玉米杂交育种进入紧凑型杂交玉米高产育种的新时代。1990 年全国正式推广李登海培育的紧凑型玉米。之后，李登海又培育出了亩产超 1 000 千克的"掖单 13 号"，创造了夏玉米高产纪录。

2005 年李登海又研究培育出抗倒伏、抗病能力强的超级玉米新品种——"登海超试 1 号"，亩产达到了 1 402.86 千克，再次刷新了夏玉米高产纪录。

据统计，李登海培育的紧凑型玉米新品种为社会创造了近 1 000 亿元效益，解决了我国的粮食问题。现

掖单 2 号玉米

在，李登海领衔的玉米研究中心成为我国规模最大、科研力量最强的国家级研究机构。

随着科技的进步，杂交育种的领域已不断扩大。当今，杂交育种技术已被普遍应用于家禽家畜、粮食作物、经济作物、果树、蔬菜以及花卉、鱼类等品种的改良上，在农业生产中发挥了巨大作用。

第三节　克隆技术

"克隆"是英文 clone 的音译，是利用生物技术对细胞进行无性繁殖形成与原个体有完全相同基因后代的过程，简称为"无性繁殖"。克隆技术在现代生物学中被称为"生物放大技术"。

在自然界，有不少植物都具有先天的克隆本能。春天里，人们剪下

植物枝条，扦插到土里，不久就会发芽，长出新的植株，这些植株是遗传物质组成完全相同的植株；将马铃薯、番薯等植物的块茎切成许多小块进行繁殖，由此而长出相同的后代，等等，这些现象在日常生活中非常普遍，几乎每个人都曾见过，所有这些都是植物的无性繁殖，可称之为"克隆"。

在动物界也有无性繁殖，不过多见于非脊椎动物，如原生动物的分裂繁殖、尾索类动物的出芽生殖等。但对于高级动物，在自然条件下，一般只能进行有性繁殖。

胚胎细胞克隆羊——多利

古代神话里孙悟空用自己的汗毛变成无数个小孙悟空的离奇故事，表达了人类对复制自身的幻想。这个幻想，在科技发达的今天，在科学家的艰苦努力下，已经变成了现实。1997年，英国爱丁堡罗斯林研究所的胚胎学家伊恩·威尔马特（Ian Wilmut）领导的科研小组在经历了 276 次失败的尝试后，利用山羊的体细胞，成功地"克隆"出一只基因结构与供体完全相同的绵羊——多利（Dolly），世界舆论为之哗然。

"多利"的特别之处在于它的生命的诞生没有精子的参与，这是世界上首次利用成年哺乳动物的体细胞进行细胞核移植而培养出的克隆动物。这头由英国生物学家通过克隆技术培育的克隆绵羊，意味着人类可以利用动物身上的一个体细胞，产生出与这个动物完全相同的生命体，打破了千古不变的自然规律。

克隆是人类在生物科学领域取得的一项重大技术突破，反映了细胞核分化技术、细胞培养和控制技术的进步。

目前，哺乳动物克隆的方法主要有胚胎分割和细胞核移植两种，即胚胎克隆和体细胞克隆。其中，细胞核移植是最富有潜力的一门新技术。

在 20 世纪 50 年代，科学家经过一系列复杂的操作程序，成功地无性繁殖出一种两栖动物——非洲爪蟾，揭开了细胞生物学的新篇章。1963 年，我国童第周教授领导的科研小组，以金鱼等为材料，研究了鱼类胚胎细胞核移植技术，获得成功。英国和中国在 20 世纪 80 年代后期先后利用胚胎细胞作为供体，"克隆"出了哺乳动物。到 90 年代中期，我国已用此种方法"克隆"了老鼠、兔子、山羊、牛、猪 5 种哺乳动物。到 1995 年为止，在主要的哺乳动物中，胚胎细胞核移植都获得成功，但动物的细胞核移植一直未能取得成功。

采用细胞核移植技术克隆动物的设想，最初由一位德国胚胎学家在 1938 年提出。所谓细胞核移植技术，是指用机械的办法把一个被称为"供体细胞"的细胞核（含遗传物质）移入另一个除去了细胞核被称为"受体"的细胞中，然后这一重组细胞进一步发育、分化。核移植的原理是基于动物细胞的细胞核的全能性。由于克隆是无性繁殖，所以同一克隆内所有成员的遗传构成是完全相同的，这样有利于忠实地保持原有品种的优良特性。绵羊"多利"的诞生，成为细胞核移植技术的一个里程碑。之后，1998 年 7 月 5 日，日本科学家宣布，他们利用成年动物体细胞克隆的两头牛犊诞生。1998 年 7 月 22 日，科学家采用一种新克隆技术，用成年鼠的体细胞成功地培育出了三代共 50 多只克隆鼠，这是人类第一次用克隆动物克隆出克隆动物。

体细胞克隆技术是科学发展的结果，它有着极其广泛的应用前景：

在农业方面，人们利用"克隆"技术培育出大量具有抗旱、抗倒伏、抗病虫害的优质高产品种，大大提高了粮食产量。在这方面我国已迈入世界的前列。

在园艺业和畜牧业中，克隆技术是选育遗传性质稳定的品种的理想手段，通过它可以培育出优质的果树和良种家畜。同时，对保护物种特别是珍稀、濒危物种是一个福音，具有很大的应用前景。从生物学角度看，这也是克隆技术最有价值的地方之一。

在医学领域，许多国家已能利用克隆技术培植人体皮肤进行植皮手术。这一新成就避免了异体移植可能出现的排异反应，给病人带来了福音。上海市第九人民医院在世界上首次采用体外细胞繁殖的方法，成功地在白鼠上复制出人耳，为人体缺失器官的修复和重建带来希望。克隆技术还可用来大量繁殖许多有价值的基因，如生产出治疗糖尿病的胰岛素和使侏儒症患者重新长高的生长激素以及能抗多种病毒感染的干扰素，等等。

作为新世纪的尖端科学，克隆技术从它诞生的那一刻起就吸引了世人的目光。作为世界最大的发展中国家，中国一直致力于前沿科学的研究。从 20 世纪 60 年代开始，克隆作为新兴的技术在中国得到前所未有的关注，据目前的状况来看，克隆技术硕果累累。

1963 年，生物学家童第周对金鱼、鲫鱼进行细胞核移植，1978 年又成功地进行了黑斑蛙的克隆试验，培育出能在水中自由游泳的蝌蚪。

1979 年春，中国科学院武汉水生生物研究所的科学家用鲫鱼囊胚期的细胞进行人工培养，孵化出了两个鱼苗，其中一条幼鱼经过 80 多天培养后长成 8 厘米长的鲫鱼。这种鲫鱼并没有经过雌、雄细胞的结合，仅仅是给卵细胞换了个囊胚细胞的核，实际上是由换核卵产生的，因此也是克隆鱼。这种人工克隆新鱼种的出现为鱼类育种开辟了新途径。

1990 年 5 月，西北农业大学畜牧所克隆一只山羊。

1992 年，江苏农科院克隆一只兔子。

1993 年，中科院发育生物学研究所与扬州大学农学院合作，克隆一只山羊。

1995 年 7 月，华南师范大学与广西农业大学合作，克隆一头奶牛、黄牛杂种牛。

1995 年 10 月，西北农业大学克隆 6 头猪。

1996 年 12 月，湖南医科大学克隆 6 只老鼠。同年中国农科院畜牧所克隆一头公牛犊。

1999 年，中国科学院动物研究所研究员陈大元领导的科研小组成功地培育出了大熊猫的早期胚胎，克隆大熊猫面临的两个关键问题中的一个已经解决。

2000 年 6 月 16 日，由西北农林科技大学动物胚胎工程专家张涌教授培育出世界首例成年体细胞克隆山羊"元元"。同年 6 月 22 日，第二只体细胞山羊"阳阳"又在西北农林科技大学出生，其所采用的克隆技术与克隆"多利"的技术完全不同。这表明我国科学家也掌握了体细胞克隆的尖端技术。2001 年 8 月 8 日，"阳阳"在西北农林科技大学产下一对"龙凤胎"，表明第一代克隆羊有正常的繁育能力。

据介绍，2003年2月26日，克隆羊"阳阳"的女儿"庆庆"产下千金"甜甜"，2004年2月6日"甜甜"顺利产下女儿"笑笑"。"阳阳"家族实现四代同堂。这不仅表明第一代克隆羊具有生育能力，其后代仍具有正常的生育能力。

不久前，在河北农业大学与山东农业科学院生物技术研究中心联合攻关下，中国的科技人员通过名为"家畜原始生殖细胞胚胎干细胞分离与克隆的研究"实验课题，成功克隆出两只小白兔——"鲁星"和"鲁月"。这项实验表明中国已经成功地掌握了胚胎克隆技术，为中国的克隆技术进步奠定了基础。

之后，广西大学动物繁殖研究所成功繁殖体形比普通的兔子大的克隆兔。

2002年5月27日，中国农业大学与北京基因达科技有限公司和河北芦台农场合作，通过体细胞克隆技术，成功克隆了国内第一头优质黄牛——红系冀南牛，对保护我国濒危物种具有深远影响。

2002年10月16日，中国首例利用玻璃化冷冻技术培育出的第一头体细胞克隆牛在山东省梁山县诞生。

2005年8月，中国农业大学李宁教授主持的课题组经过1年多的科技攻关，以贵州香猪为材料成功地培育出我国第一头体细胞克隆猪。这是我国独立自主完成的首例体细胞克隆猪，填补了我国在这一领域的空白。此前仅有英国、日本、美国、澳大利亚、韩国及德国获得过猪的体细胞克隆后代，因而我国成为第七个拥有自主克隆猪

中国首例体细胞克隆猪

能力的国家。这头克隆小香猪的诞生表明，我国在此项研究已经达到了国际先进水平。

克隆技术的应用概括起来大致有以下六大优势：

（1）利用克隆等生物技术，改变农作物的基因型，产生大量抗病、

抗虫、抗盐碱等的新品种，从而大大提高农作物的产量。

长期从事良种繁育的人都知道，培育良种难，保存良种更难。果树中的良种可以用嫁接的方法繁殖，水稻、小麦的良种就不能用嫁接的方法。水稻是一种自交程度很高的作物，即便如此也无法保证其后代不出现分离。要想得到一个稳定的优良品种，不经过几代辛勤的选育是不行的。

动物的良种保存，常以选留雄性良种动物的方式进行，但由良种雄性动物传代，其后代个体并非个个都是优良，这一方面是由于母本差异造成，另一方面由于减数分裂，可能有一半的精子并未携带优良基因。因此，把克隆技术用于特异品种保存，才能将具有优良性状的个体，像果树嫁接那样地繁殖开去。在良种繁育、特异品种的保存方面，克隆技术必将会给人类作出贡献。

（2）培育大量品种优良的家畜，如培养一些肉质好的牛、羊和猪等，也可以培养一些产奶量高，且富含人体所需营养元素的奶牛。

转基因动、植物可以用于药物生产。如"人 α1 抗胰蛋白酶"（hα1AT）是由人的 QI 抗胰蛋白酶基因合成的，它能抑制弹性蛋白酶的活性，而后者会导致纤维变性，所以 hα1AT 可用于治疗囊状纤维、特异皮炎和肺气肿等疾病。1991 年，有人将人 α1 抗胰蛋白酶基因导入绵羊体内，得到了带有该基因的转基因绵羊。转基因绵羊能以泌乳的方式生产人 α1 抗胰蛋白酶，产量达每升 35 克。于是，转基因绵羊就变成了一个能生产药物的活工厂。克隆技术的完善为转基因动物的繁殖开辟了一条通道，应用克隆技术可以将上述转基因绵羊大量繁殖，从而可在降低成本的同时大幅度提高产量。可以预见，克隆技术在这方面的应用前途无量。

（3）对医疗保健工作产生重大影响，可生产人胚胎干细胞用于细胞和组织替代疗法。如依靠分子克隆技术，搞清致病基因，提出疾病产生的分子生物学机制；将一头奶中含有治疗血友病的药物蛋白的转基因羊进行克隆，则可以较好地满足血友病人食疗的需要；为器官移植寻求更广泛的来源，将人的器官组织和免疫系统的基因导入动物体内，长出所需要的人体器官，可降低免疫排斥反应，提高移植成功率。

（4）复制濒危的动物物种，保存和传播动物物种资源，保护环境和濒危动植物，以克隆技术再现物种。濒危物种是指那些在世界上存在数量极少、濒临绝灭的物种，如我国的大熊猫、金丝猴和朱鹤等。保护濒危物种就是维护生物的多样性。生物多样性程度越高，地球这个大生态系统就越稳定。因此，生存于这个生态系统中的人类的生活质量就越高。目前，濒危物种面临的主要危机是繁殖能力低下，由于繁殖力低，数量难以增长，生存领域无法扩大。而生存环境的单一，又使得该物种对环境变化冲击的应变能力差。所以，大量繁殖濒危物种是保护该物种的最有效办法，而克隆技术可以克服自然条件下该物种交配成功率低的困难，使之不断繁衍。

（5）为医学研究提供更合适的动物，大大提高试验的精确度和安全性。

（6）可以在短时间内培育出大量农作物，缓解粮食危机。

尽管克隆技术有着广泛的应用前景，但在实践中，克隆动物的成功率还是相当低的。"多利"出生之前，研究人员经历了 276 次失败的尝试；70 只小牛的出生则是在 9 000 次尝试后才获得成功。而对于某些物种，例如猫和猩猩，目前还没有成功克隆的报道；狗的克隆实验，也是经过数百次反复试验才获得成功。

目前，克隆技术的应用在学术界和社会上存有争议。克隆技术在带给人类巨大利益的同时，也会给人类带来问题和灾难。如果将克隆技术应用在人类自身的繁殖上，将产生巨大的伦理道德危机和法律等方面的问题。但我们不能因为这项技术可能带来严重后果而阻止其发展，它的产生归根结底是利大于弊，它将被广泛应用在有利于人类的方面。

第四节 转基因技术

转基因（Genetically Modified），简称 GM，是运用科学手段从某种生物中提取所需要的基因，将其转入另一种生物中，使之与另一种生物的基因进行重组，从而产生特定的具有变异遗传性状的物质。利用转基因技术可以改变动物和植物的性状，培育新品种，即可以在基因水平上，按照人类的需要进行设计，然后按设计方案创建出具有某种新的性状的生物新品系，并能使之稳定地遗传给后代。人们常说的"遗传工程"、"基因工程"、"遗传转化"均为转基因的同义词。转基因技术目前在动植物育种中均得到运用。

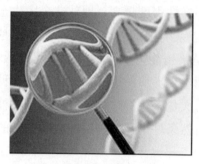

DNA 基因

转基因动物就是基因组中含有外源基因的动物。它是按照预先的设计，通过细胞融合、细胞重组、遗传物质转移、染色体工程和基因工程技术将外源基因导入精子、卵细胞或受精卵，再以生殖工程技术，有可能育成转基因动物。通过生长素基因、多产基因、促卵素基因、高泌乳量基因、瘦肉型基因、角蛋白基因、抗寄生虫基因、抗病毒基因等基因转移，可能育成生长周期短，产仔、生蛋多和泌乳量高的品种，所生产的肉类、皮毛品质与加工性能好，并具有抗病性。转基因技术已在牛、羊、猪、鸡、鱼等家养动物中取得一定成果。

转基因植物是基因组中含有外源基因的植物。它可通过原生质体融合、细胞重组、遗传物质转移、染色体工程技术获得，有可能改变植物的某些遗传特性，培育高产、优质、抗病毒、抗虫、抗寒、抗旱、抗涝、抗盐碱、抗除草剂等的作物新品种。通常的做法是，向农作物体的遗传细胞核内的 DNA 螺旋结构内注入特定转基因物质，使之具有特定的遗传特性。通常是注入转 Bt 基因和转 Ht 基因。转 Bt 基因，使农作物具有抗病虫害的特性；转 Ht 基因，使农作物具有抗除草剂的特性。

经过基因改造工程的农作物和生物，确实为人类带来不少好处：

（1）增加农作物的产量。加入快速生长基因后，可以使农作物生长得更快、更大，从而增加农作物的产量，或改变农作物的特性，使其更易于加工，以减少浪费和降低生产成本。

（2）使农作物适应不利的生长环境。例如加入耐寒、耐热、耐旱农作物的基因后，可使农作物更能适应不利生长的环境。

（3）改良农作物的营养成分。按照目标要求，选取不同农作物的基因，以改善食物的外观、味道和口感，甚至改变农作物的营养成分，例如增加稻米的蛋白含量。

（4）增强农作物对虫害的抵抗力，从而减少使用杀虫剂。

（5）除去食物中某些可引致过敏的成分。

世界上第一种基因移植作物是一种含有抗生素药类抗体的烟草。它在 1983 年培植出来，直到 10 年以后，第一种市场化的基因食物——晚熟的西红柿才在美国出现。1996 年，由这种西红柿食品制造的西红柿饼才被允许在超市出售。

近十多年来，现代生物技术的发展在农业上显示出巨大的潜力，并逐步发展成为能够产生极大社会效益和经济效益的产业。世界很多国家纷纷将现代生物技术列为国家优先发展的重点领域，投入大量的人力、物力和财力扶持生物技术的发展。转基因作物从 1983 年研究成功后，全球种植面积高速增长，从 1996 年的 170 万公顷直接增长至 2011 年的 1.6 亿公顷，全世界 5 大洲 18 个国家超过 700 万户农户种植。

据国际农业生物技术应用服务组织（ISAAA）2012 年 2 月 7 日发布年报显示，与 2010 年相比，2011 年全球转基因作物种植面积增长 8%，达到 1.6 亿公顷。其中，发展中国家的转基因作物种植面积增长了 11%，转基因作物的种植面积占全球的 49.875%。

美国是全球领先的转基因作物生产者。自 20 世纪 90 年代初美国将基因改制技术实际投入农业生产领域以来，种植规模不断扩大，到 2011 年种植面积已达到 6 900 万公顷，主要转基因作物的平均种植率约为 90%；其转基因作物播种面积约占全球的 43%。目前，大约有 20 多种转基因农作物的种子已经获准在美国播种，包括玉米、大豆、油菜、土豆和棉花。美国农产品年产量中 55% 的大豆、45% 棉花和 40% 的玉米已逐步转化为通过基因改制方式生产。据估计，从 1999 年到 2004 年，美国基因工程农产品和食品的市场规模已从 40 亿美元扩大到 200 亿美元，到 2019 年将达到 750 亿美元。有专家预计，21 世纪初，很可能美国的每一种食品中都含有一定量基因工程的成分。

巴西以 3 030 万公顷的转基因作物种植面积位列世界第二。2011 年以增加 490 万公顷的种植面积连续 3 年占据世界增长率榜首，增长率达 20%，所种转基因作物分别是大豆、玉米和棉花。

印度在转基因棉花栽培方面已有 10 年的成功经验。2011 年印度棉花种植面积达 1 060 万公顷。

菲律宾的转基因玉米种植增长率为 20%，种植面积超过 60 万公顷，是唯一种植转基因玉米的亚洲国家。

非洲转基因作物的种植面积为 250 万公顷。

此外，阿根廷、加拿大也是转基因农业生产发展迅速的国家。

据统计，2011 年中国的转基因作物种植面积位居全球第六。中国在棉花、水稻、小麦、玉米和大豆等方面的转基因研究，目前已经取得了很多研究成果，尤其是在转基因棉花研究方面成绩突出。2011 年农户种植了 390 万公顷的转基因棉花，种植比例高达 71.5%。转基因棉花使棉农每公顷增收效益高达 250 美元。

然而，中国真正进行大规模商业化转基因农作物的品种并不很多。真正规模种植的只有抗病毒甜椒和迟熟西红柿、抗病毒烟草、抗虫棉等 6 个品种。

数据表明，目前全世界转基因大豆已占全部大豆种植的 55%，玉米占 11%，棉花占 21%，油菜占 16%，这些作物的国际贸易出口额也在增加。

转基因大豆

生命科学产业的发展是近 20 年的事。由于其孕育着巨大的希望而越来越受到人们的关注。生物技术除了生产治病救命的各种新药特药外，利用遗传工程生产的形形色色的转基因作物和食品也成为生物科学发展的主要产品。如果从 1996 年转基因西红柿食品在美国超市出售开始算起，转基因食品进入到人们的生活之中，还仅仅是十多年的时间。新生事物的诞生，往往要经历一段曲折的过程。

第五节 航天育种技术

高、精、尖的航天技术和传统的农业之间看似毫无联系。不过，稍加留意就会发现：色彩艳丽的青椒，口感细腻的西红柿，体形硕大的冬瓜等稀奇蔬菜，渐渐在超市货架上多了起来。其实，这些都是普通的蔬菜种子经过"太空旅行"后，经科学家培育出来的新品种，也就是说，它们都是航天育种的产物。航天技术和传统的农业已经被科学家们完美地结合起来，并成为推动农业发展的重要手段。那么什么是航天育种呢？

所谓航天育种，也被称为空间技术育种或太空育种，就是指利用返回式航天器和高空气球等所能达到的空间环境对植物的诱变作用，使种子产生有益变异，并在地面选育新种质、新材料，进而培育新品种的农作物育种新技术。航天育种是航天技

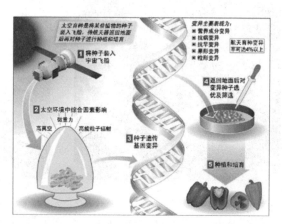

航天育种示意图

术与生物技术、农业育种技术相结合的产物，是综合了航天、遗传、辐射、育种等多种学科技术组合的高新技术。

1987 年 8 月 5 日，我国首次成功进行的农作物种子空间搭载试验开启了航天技术助推农业科研的新时代。当时，带着水稻和青椒等种子的我国第 9 颗返回式卫星上天，这是我国农作物种子的第一次太空之旅。当初搭载种子的目的也并不是为了育种，只是想探测太空环境对植物遗传是否有影响。但科学家们无意间发现，这些上天的种子发生了一些出人意料的变异：经空间搭载的萝卜种子幼苗苗壮，叶片上没有虫眼。更为神奇的是，完成了太空之旅的大蒜种子也发生了突变，长出的蒜头竟重达 150 克。于是，航天育种的研究被提上了日程，我国在航天育种领域进行了一系列的探索。之后的 20 多年里，我国利用返回式卫星与载人飞船进行了多次作物种子与微生物菌种的搭载飞行试验。

航天育种

2006 年 9 月 9 日，我国首颗、也是世界上迄今唯一一颗专门以空间诱变育种为主要任务的返回式科学试验卫星——"实践八号"成功发射，标志着航天育种从零星搭载到探索性试验、再到研究和技术应用的质的飞跃。2006 年 9 月 9 日，"实践八号"搭载了 208.8 千克农作物种子和生物试验材料发射升空，在轨运行 15 天后成功返回，给农业科学家带回了丰富的实验材料。

实践 8 号育种卫星返回舱

至今，我国已利用 15 颗返回式卫星和 7 艘神舟飞船，搭载了上千种作物种子、试管苗、生物菌种和材料，诱变育成了一系列高产、优质、多抗的作物新品种、新品系及新种质，其中不少具有突破性影响的优良突变。如"博优 721"杂交稻新组合、"卫星 87 - 2"青椒、巨穗谷子、特大籽莲子和红小豆、特长角果的双低油菜、早熟的太空食用菌等，其中，"卫星87-2"青椒，亩产可达4 000～5 000千克，比对照品种高30%左右，有的单果重达400克，果实中维生素C等含量高于对照亲本；"博优721"亚种间杂交水稻新组合，亩产量达500千克以上，已在广西、广东多个县区试验试种，比当地主栽品种增产20%左右；优质、高产晚糯水稻新品种"航育1号"，1998年通过浙江省品种审定。航天育种稻杂交品种，百亩亩产达到800千克，其中"Ⅱ优航1号"是全国首个百亩亩产突破900千克的超级稻，至今仍保持再生稻头季、再生季和全国百亩亩产3项世界纪录。

巨型茄子

　　通过航天育种，我国科学家还培育出了特大粒的红小豆、特长的油菜、含铁量增加69%的巨穗谷子，紫色、红色、茶色、绿色的水稻，早熟高产的红薯和高产大葱等。抗病番茄、优质棉花、高产小麦等也相继诞生，这些为提高农作物的产量和质量，促进我国农业发展作出了巨大贡献。

　　截至目前，我国已育成并通过国家或省级鉴定的太空新品种超过70个，并在农业生产中大规模推广应用，在提高农作物产量、改善农产品质量、优化农作物抗性方面取得了实质性成果。仅2006年以来通过审定的35种太空种子已经推广了167万公顷，增产粮食100多万吨，实现社会经济效益14亿多元。航天工程育种的产业化已初具规模，展示了良好前景。

　　20多年来，航天育种技术为我国农业发展带来极大好处：

　　首先，同传统育种方式相比，航天育种的优势之一就是能快速有效地直接选育优良品种。

　　目前，我国绝大部分的农作物新品种都是在常规条件下经过若干年的地面选育培育而成的。传统的农业育种一般需要8～10年时间，而航天育种有可能将时间缩短一半。这对加快我国粮食增产、农民增收具有重要意义。

巨型西红柿

然而，并不是所有的普通农作物种子在太空遨游一段时间，就会成为优良的太空种子的。

众所周知，宇宙空间的物理环境与地面有很大的差异。空间环境的显著特征是存在宇宙粒子辐射、微重力、弱地磁、高真空和超洁净等特点。科学实验证明，宇宙粒子辐射和微重力等综合环境因素对植物种子的生理和遗传性状具有强烈的影响。种子经过太空旅行后，种子的性状会发生不同的变异。

实际上，种子搭载只是航天育种的开始，更繁杂、最重要的工作是在后续的地面育种工作中完成的。航天搭载的种子还要经过育种专家的筛选，并结合其他多种育种技术，比如常规育种及杂种优势利用技术等进行进一步的选育。

也就是说，搭载种子回地面以后，还要经过筛选、淘汰、稳定化试验等过程，从中选出有价值的、有推广应用前景的品系，并经过进一步试验和鉴定，最后还必须通过国家或省级品种审定委员会的审定，才能被称为太空种子进行大规模推广。而这个过程，最快也需要4~5年的时间。

其次，与传统育种方式相比，航天育种的优势在于能够创造出一大批特异种质资源，以缓解或解决我国农作物育种种质资源贫乏的瓶颈问题。

"民以食为天，农以种为先。"优良品种是农业发展的决定性因素，对提高农作物产量、改善农作物品质具有不可替代的作用。在当前资源有限的条件下，改善作物品种是提高粮食产量的重要出路，航天技术是解决这一问题的有效途径之一。

目前，我国科研人员利用航天诱变技术，已选育出一批特大穗高产型种质、特优质种质、抗病种质、优异新矮源种质以及极早熟优质种质等育种新材料。如，优质抗倒型水稻新种质"航1号"和"航2号"，优质大穗型水稻恢复系"航恢6号"、"航恢7号"、"航恢8号"，优质极早熟小麦新种质"早优8581"等。再如，从空间搭载籼稻品种"特华占 13"诱变后代中筛选的一个水稻突变材料，株高只有 58～66 厘米，且单株分蘖数达到 19 个，有可能成为水稻育种的新矮源。

这些丰富的育种新材料，为拓宽基因资源提供了一条有效而可行的途径，对促进农作物育种发展有很大作用。目前，这些新种质、新材料已广泛应用于稻麦常规育种和杂种优势育种。

目前，我国是除美国和俄罗斯外第 3 个掌握返回式卫星技术的国家之一。我国航天科学家和农业科学家充分利用这一优势，把航天这一最先进的技术与农业这一古老的传统产业相结合，在航天育种领域取得了一系列的开创性研究成果。浩瀚的太空已成为中国科学家培育农作物新品种的实验室和育种基地，越来越多的奇迹也将由此诞生。

第六节　核辐射技术

第二次世界大战中美军对日本广岛和长崎投放原子弹造成的核辐射让人记忆犹新；前苏联切尔诺贝利核反应堆泄漏事故引起的核危机，也使人"谈核色变"；不久前，日本地震海啸造成福岛核电站发生爆炸，核辐射污染达到 100 千米以上。核辐射事件已成为热门话题，也影响着周边环境和人类。

资料显示：核电站燃料的铀氧化物开始裂变反应后，会产生大量的能量同时释放出中子并生成高度放射性的钚-239，这些生成的钚-239 再次发生裂变，再释放出更多能量。钚比铀的放射性更大，毒性更强。核辐射影响周边环境，严重损害人类健康。

那么，什么是核辐射呢？通常，放射性物质以波或微粒形式发射出的一种能量就叫核辐射。它是原子核从一种结构或一种能量状态转变为另一种结构或另一种能量状态过程中所释放出来的微观粒子流。核辐射可以使物质引起电离或激发，故称为电离辐射。

核辐射的危害主要是 α、β、γ 三种射线：

α 射线是氦核，只要用一张纸就能挡住，但吸入体内危害大。

β 射线是电子，皮肤沾上后烧伤明显。这两种射线由于穿透力小，影响距离比较近，只要辐射源不进入体内，影响不会太大。

γ 射线的穿透力很强，是一种波长很短的电磁波。γ 辐射和 X 射线相似，能穿透人体和建筑物，危害距离远。宇宙、自然界能产生放射性的物质不少，但危害都不太大，只有核爆炸或核电站事故泄漏的放射性物质才能大范围地对人员造成伤亡。

实际上，人类是生活在放射环境中的。人类的生活没有一刻离开过放射性，这些放射性是天然放射性，主要来自三个方面：①宇宙射线；②地面和建筑物中的放射性；③人体内部的放射性。

大气和环境中的放射性物质，可经过呼吸道、消化道、皮肤、直接照射、遗传等途径进入人体，一部分放射性核元素进入人体生物循环，并经食物链进入人体，最终导致基因突变或癌变。

人们在长期的实践和应用中发现，微量的放射性照射不会危及人类的健康，而过量的放射性射线照射会对人体产生伤害，使人致病、致癌、致死。受照射时间越长，受到的辐射剂量就越大，危害也越大。

核辐射的危害性很大，不过在大部分情况下，核辐射也没有那么可怕，人们不必谈"核"色变。其实，核辐射是可控可利用的。

由于核辐射的各种微观粒子带有的能量都比化学键的键能高，因此有可能破坏分子的化学键，造成分子的性质改变。因此，人们就利用核辐射的这种特性，将核辐射技术广泛用于应用于工业、农业、医疗、科研等多个领域。例如：核技术发电、特质材料的辐照改性、无损探伤、在线测量（测厚、料位等）、X光、CT检查、放疗、化疗、γ（伽玛）刀、考古的年龄测量和刑事侦察等。

在农业领域，核辐射技术被广泛用于食品保鲜、杀虫、杀菌、辐射育种等。

利用辐射技术诱变培育性能优良的农作物新品种，是核技术农业应用的主要领域。核农业技术是利用原子核的结构、反应衰变原理及伴随衰变的射线特性而建立、发展起来的各种测试、分析显示和应用方法的总称。辐射育种是20世纪中后期发展起来的一种新奇的育种技术。它是利用放射线同位素发出的高能射线照射农作物的种子、植株或某些器官和组织，促使它们产生各种变异，再从中选择需要的可遗传优良变异，培育成新的优良品种。

利用辐射育种，可以使农作物变异率比自然变异高出几百倍以至上千倍，而且产生的变异特性是多种多样的，范围非常广泛，能够通过所产生的各种变异而生成许多新的品种。例如，用射线照射过的蓖麻，生长期可以由原来的270天缩短到120天，形成生长期短的新品种。辐射育种能够改变农作物品种单一的不良性，克服原有品种的缺点，还可以使发生变异的特性很快稳定下来，大大缩短育种过程。如水稻通过核辐射诱变的品种产生了早熟、矮秆、抗病、优质的特性。

核辐射育种

通过辐射诱变技术育成青椒，单个重量可以达到500克，玉米能够结出7个棒，黄瓜可以长到半米高，经核辐射诱变培育的白莲比传统品种产量增幅60％以上，平均亩产达80千克，最高达到140千克，且口感更好。美丽的花卉也都神话般地发生变异，"一串红"本是一串串地开花，诱变后可以满株开花，如同一座小塔。"万寿菊"本是单层的四瓣花，诱变后开出的花却变成了多层的六瓣花。"矮牵牛"也会由原本开红色的小花，培育后花朵变大，而且一株可以开出红、白、粉等多种颜色的花朵。

此外，辐射育种操作简便，只要把种子或植株放在射线源附近照射，就可以达到预期的效果，既可以单独使用也可以和其他育种技术相结合，取得更好的效果。

我国的辐射育种开始于1958年，1986年又开始用离子束辐射诱变技术育种。到1988年，我国辐射育种的新品种占世界的三分之一，辐射育种的种植面积超过900万公顷。目前，我国辐射育成的新品种已有625个，约占全世界的25％，在品种数量、种植面积和社会经济效益均居于世界首位。

辐射技术还可应用于杀虫灭菌和食品保鲜，且不改变色香味和品质，无残留。如通过辐射后的马铃薯、洋葱、大蒜，可达到抑制发芽而延长储存期。利用核素技术，还可在生物体内示踪，跟踪了解生物体内物质的运转、分配、化学转化和代谢，用于生物技术的定位研究。

原子能在现代农业中的利用不同于培育转基因食品。核辐射技术对植物实行的是物理特性诱变，不涉及 DNA 遗传特性的变异，相比于泛滥的甲醛消毒、食品添加剂等对人体造成的危害，通过核农技术生产的农产品实际上要安全和健康得多。

第七节 遥感技术

1987 年 5 月，中国东北大兴安岭北部发生了长达一个月的特大森林火灾，诺阿气象卫星图像在第一时间发现火情，并在火灾发生期间连续提供火区范围、火势变化、火头位置移动、新火点出现以及扑火措施效果等方面的信息影像图，为制定灭火计划、做出灭火部署提供了科学的依据。火灾后，中国还利用陆地卫星 TM 图像进行了火烧迹地恢复的遥感调查，实现了森林火灾早期预警、灾中的动态监测、

气象卫星图

灾后损失评估以及后期的生态恢复调查的遥感动态观测。

1991 年太湖流域发生重大洪涝灾害，通过卫星监测，得到了准确的灾情数据。

近些年，国土资源部也运用遥感动态监测，实现卫星遥感影像执法检查，可以精确监测到地面上 1 平方米大小的地块，使违法建设、开采无处藏身。

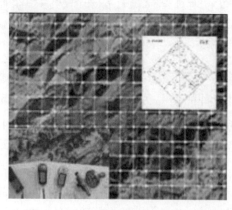

遥感技术

这种在一定距离以外不直接接触物体而通过该物体所发

射和反射的电磁波来感知、探测其性质、状态和数量的技术，就是遥感技术。

所谓"遥感"，顾名思义，就是在一定距离之外感测目标物的属性。这种"千里眼"技术是根据电磁波的理论，应用各种传感仪器对远距离目标所辐射和反射的电磁波信息，进行收集、处理并最后成像，从而对地面各种景物进行探测和识别的一种综合技术。简单地说。遥感的含义就是不与目标物接触，只凭目标物反馈的信息来识别目标。

遥感卫星

实际上，在自然界中，人和动物都具有遥感本领，人的眼睛识别物体的过程，就是一种遥感过程。在自然界中，有些动物具有某些特殊的遥感本领，比如蝙蝠能发射 2.5 万次到 7 万次的超声波，并用接收到的回波来判断障碍物的距离、方位和障碍物的属性，所以蝙蝠在夜间也能自由快速地飞翔。再如响尾蛇，对红外线的灵敏性极强，能感觉到 300 毫米以内零点几度的微小温差变化。故而，从某种意义上讲，遥感技术就是模仿自然界中这些动物的遥感现象和过程而产生的仿生科学。

最早的遥感技术，是从 1608 年汉斯·李波尔赛制造了世界第一架望远镜时开始萌芽的。1609 年伽利略制作了放大三倍的科学望远镜并首次观测月球；1794 年气球首次升空侦察为观测远距离目标开辟了先河，但望远镜观测不能把观测到的事物用图像的方式记录下来。有记录地面遥感是 1839 年达盖尔（Daguarre）拍摄的照片，第一次成功将拍摄事物记录在胶片上。1849 年法国人艾米·劳塞达特（Aime Laussedat）制定了摄影测量计划，成为有目的有记录的地面遥感发展阶段的标志。

1903 年，飞机的发明，使航空摄影测量学形成独立的学科体系，航空遥感起步。1957 年随着前苏联第一颗人造地球卫星的升空，标志着人类进入了太空时代，人类开始以全新的视角和手段认识自身赖以生存的地球，也开启了信息时代的序幕。1972 年美国发射了第一颗陆地卫星，标志着航天遥感时代的开始。

遥感技术作为现代信息技术的前沿科学技术，成为 20 世纪 60 年代发展起来的以航空摄影技术为基础，集物理、化学、电子、空间技术、信息技术、计算机技术于一体的新兴尖端技术，同时也是应用领域很广的应用技术和探测手段。

作为一门对地观测综合性技术，遥感的出现和发展既是人们认识和探索自然界的客观需要，更有其他技术手段与之无法比拟的特点，归结起来主要有以下四个方面：

（1）探测范围广、采集数据快。遥感探测能在较短的时间内，从空中乃至宇宙空间对大范围地区进行对地观测，并从中获取有价值的遥感数据。这些数据拓展了人们的视觉空间，为宏观地掌握地面事物的现状创造了极为有利的条件，同时也为研究自然现象和规律提供了宝贵的第一手资料。这种先进的技术手段与传统的手工作业相比是不可替代的。

（2）获取信息的速度快，周期短，时效性强。由于卫星围绕地球运转，能周期性、重复地对同一地区或观测点进行动态观测，从而能及时获取所经地区的各种自然现象的最新资料，动态反映地面事物的变化，这有助于人们通过所获取的遥感数据，发现并动态地跟踪地球上许多事物的变化。这是人工实地测量和航空摄影测量无法比拟的。

（3）获取信息受条件限制少。地球上有很多地方，自然条件极为恶劣，人类难以到达，如沙漠、沼泽、高山峻岭等。采用不受地面条件限制的遥感技术，特别是航天遥感可方便及时地获取各种宝贵资料。

（4）获取信息的手段多，信息量大，数据具有综合性。遥感探测所获取的是同一时段、覆盖大范围地区的遥感数据，这些数据综合地展现了地球上许多自然与人文现象，宏观地反映了地球上各种事物的形态与分布，真实地体现了地质、地貌、土壤、植被、水文、人工构筑物等地物的特征，全面地揭示地理事物之间的关联性。

目前，遥感技术已广泛应用于农业、林业、地质、海洋、气象、水文、军事、环保等领域。而农业是遥感技术的重要应用领域。

农业部门对遥感技术有多方面的要求。例如：要求能在有云、雨、雪天都能获得遥感信息，实现全天候遥感探测；由于农作物、农事活动、生物等多在小尺度空间生存活动，因此要求空间分辨率较高；农事活动、特别是农作物和牧草的生长和发育随时间变化较快，因此要求遥感的时间分辨率高；农业活动是在一定空间进行的，要求定点、定位、定量，以满足精准农业比如精准灌溉、精准施肥、精准播种、精准防治病虫害的需要。

在农业资源动态监测方面，要求针对全国范围内的基本资源与生态环境状况，建立空间型信息系统，形成较短的动态更新能力。对国家资源热点问题，如耕地动态变化等及时提供相应的资源环境辅助决策信息。

卫星云图

在农作物长势监测和产量预报方面，向着高精度、短周期、低成本方向进一步深入。

在灾害监测与评估方面建成综合监测与评估业务化运行系统，使之具备定期发布灾情、随时监测评估洪涝灾害和重大自然灾害的应急反应能力。

美国是利用遥感技术估产最早的国家。1974 年，美国首开农作物遥感估产之先河，制定了"大面积农作物估产实验计划"，利用陆地卫星接收处理后的 MSS 图像，对美国大平原 9 个小麦生产州的面积、单产和产量做出估算；尔后对包括美国本土、加拿大和前苏联部分地区小麦面积、单产和产量做出估算；接着是对世界其他地区小麦面积、总产量进行估算。调查分析美国、苏联、加拿大等主要产粮国的小麦播种面积、出苗状况和长势，并利用气象卫星获得的气象要素信息，结合历年统计数据进行综合分析，建立的小麦估产模型精度高达 90％以上。1980—1986 年，美国又进行国内、世界多种粮食作物长势评估和产量预报。该项工作使美国在世界农产品贸易中获得巨大的经济利益。

此后，欧共体、俄罗斯、法国、中国、日本和印度等国也都应用卫星遥感技术进行农作物长势监测和产量测算，均取得了一定的成果。各国都将遥感技术用于精细农业，对农作物进行区域水分分布评估、病虫害预测等，直接指导农业生产活动。

中国农业遥感应用工作起步较早，从 20 世纪 70 年代末开始，培训了一批遥感应用科技人员，80 年代"遥感技术"列入国家"六五"计划重点科技攻关项目。1988 年 9 月 7 日中国发射第一颗"风云 1 号"气象卫星，之后遥感应用技术进入快速发展时期。1999 年 10 月 14 日中国成功发射资源卫星 1 号。此后，遥感在农作物估产、农业气象、国土资源调查、灾情监测、生态环境变迁等诸多领域的应用全面展开。

遥感技术为精准农业高效率、低成本的信息获取提供了技术手段。遥感技术在进行土地资源的调查，土地利用现状的调查与分析，农作物长势的监测与分析，病虫害的监测以及农作物的估产等发挥了重要作用。尤其是，利用气象卫星进行农作物估产的应用已得到了普及和深化，估产对象也从冬小麦扩展到玉米、水稻等其他作物。试验结果表明，中国利用遥感技术对大面积农作物估产的精度能够达到 95％以上。遥感技术成为助力农业现代化的先进技术。

目前，中国已经成为遥感领域技术先进的国家之一。

信息技术是 21 世纪的支柱产业，21 世纪也可以说是遥感技术产业化的时代。据预测，21 世纪全球将发射 1 600 多颗卫星，可以用于农业领域的卫星将不下 30～50 颗，为农业遥感应用提供了更加有利的条件和广阔的应用空间。

第四章

农业与食品安全

　　"民以食为天，食以安为先。"食品与百姓生活息息相关，随着经济的高速发展，人们生活水平的不断提高，食品安全问题日益发展成为一个世界性的问题。近几年，因农业及其制品，尤其是危害性较大的动物疫病和人为因素造成的食品安全隐患受到全社会的普遍重视并日益成为人们关注的焦点。

　　当食品安全问题一次次冲击人们的心理时，人们为饮食安全而焦虑，特别是在经历了问题奶粉、双汇瘦肉精事件、染色馒头、食品添加剂等问题之后，人们不禁会问：吃什么安全？

　　当前，在食品安全问题上，存在一些认识上的误区。因此，了解当前影响食品安全有代表性的问题，正视食品安全问题，普及食品安全知识，消除公众认识上的误区，尤为必要。

第一节 疯牛病

1985 年 4 月 25 日英国兽医惠特克（Colin Whitaker）接到位于肯特郡中部普仑顿庄园农场奶农的电话，请他为一头行为怪异的奶牛诊疗。惠特克检查后认为是卵巢囊肿导致它出现攻击性并且丧失身体平衡，初步治疗似乎很成功，但数周后病情开始呈进行性加重，最终它还是死了。这就是英国第一例记录疯牛病的案例。

1986 年，英格兰西南部三个郡的奶牛都发现了患相似病例均无法救治。英国农渔食品管理局为此展开了调查，到 1987 年夏季，他们终于在患病奶牛的脑组织样本匀浆中找到了"羊瘙痒症原纤维"。这项结果以简短报告的形式刊登在当年 10 月份的英国《兽医记录》期刊上，并将之命名为"牛脑部海绵化病"。不过显然"疯牛病"这个名字更适合媒体的口味，许多漫画家借题发挥利用这个题材表现自己的才华，一时之间英国疯牛形象传遍世界。

当时人们还并不害怕这种疾病。但疯牛病像瘟疫般在英国出现和蔓延，欧盟委员会提供的数据显示，自 1986 年首次发现疯牛病以来，每年都有成千上万头牛因神经错乱、痴呆而死亡，到 1996 年，英国就有 37 万头牛染上了疯牛病，16.5 万头牛因病死亡。在欧盟 25 个成员国中，迄今只有 4 个国家尚未宣布发现疯牛病。欧盟国家由此遭受的经济损失已超过 900 亿欧元。虽然世界各国都采取相应措施，以防疯牛病在本国出现和蔓延，然而，近年来，特别是进入 2000 年以后，疯牛病逐渐扩散到西欧、亚洲、澳洲和北美洲，目前已经变成世界性的问题。

不仅如此，人们又发现疯牛病已危及到了人类。1996 年 3 月 20 日，世界卫生组织接到了英国政府有关牛海绵样脑病（即俗称的"疯牛病"）可能和人的一种新变异型克—雅氏病有关的正式报告，首次承认人食用疯牛肉可能导致一种脑衰竭的绝症。一些人食用了患有疯牛病牛肉而患上与疯牛病相同症状的病，被称为"新克雅氏病"（CJD），又叫"人疯牛病"。患 CJD 的病人大脑组织充满细小的空洞，因而该病又被称为海绵状脑病。此病可导致大脑损害，人变得痴呆、震颤并最后因大脑破坏严重而死亡。在英国已发生 10 起这种病症。消息传出，在英国和全球引起了空前的恐慌，甚至引发了政治与经济的动荡，一时间人们"谈牛色变"。这就是轰动一时的"疯牛病事件"。

时至今日，疯牛病事件依然余波未平。2008 年，英国新发现一个患上变异型克雅氏病（疯牛病）的病人，医学家警告，这是新一轮疯牛病危机的爆发。虽然欧盟殚精竭虑推出一系列措施，试图消除人们的"恐牛症"，阻止危机的进一步发展，但危机未见缓解，疯牛病有卷土重来的可能。

"疯牛病"学名为"牛海绵状脑病"，简称 BSE，是由朊病毒引起的一种危害牛中枢神经系统的传染性疾病，也是一种人畜共患疾病，感染部位多为脑部、脊椎和眼。染上"牛海绵状脑病"的牛，初发病时无精打采，随后脾气改变，容易紧张、激怒，出现烦躁不安，站立不稳，步履跟跄，动作不能保持平衡的现象。患病牛的年龄多在 3～5 岁。症状出现后，进行性加重，一般在 2 个星期到 6 个月内就会死亡。

近年来，疯牛病呈现出广泛的传染趋势。专家们发现，疯牛病较常出现在奶牛而非肉牛中，而食物污染是唯一可能的原因。排查之下，专家们得出结论：疯牛病是通过给牛喂养动物肉骨粉传播的。

奶牛产奶需要消耗大量蛋白质，于是养殖业主总在琢磨怎么花费最小的投入和最短的时间，让自己的牛长更多的肉、产更多的奶，而肉骨粉是大多数国家可供奶农选择的替代品。为适应这种需求，英国和欧美许多国家的一些饲料加工厂，都把羊和牛的内脏或骨头加工成动物饲料，而这些饲料里含有来源于患有羊瘙痒病的羊内脏。又由于经济原因，20 世纪 80 年代起，欧洲许多肉骨粉工厂采用了一种美国式的连续处理法以降低成本，一方面是取消了长时间的高温蒸气消毒，降低了处理的温度；另一方面是放弃了萃取溶剂的使用，导致有足够量的疯牛病致病因子安然度过了处理程序，继续活跃。牛食用了含羊瘙痒病因子的饲料后便受到了感染，经过几年的潜伏期而发病。因此，科学家认为疯牛病很可能是通过食用带有羊瘙痒病的饲料而获得的。养殖业主这种贪婪的行为铸成了大错，疯牛病便恶作剧般最先在整个英国蔓延开来，并在欧洲爆发。

疯牛病能否传染给人类一直是人们关心的问题。事实证明，疯牛病可能通过牛肉和牛肉制品，尤其是内脏和骨髓传染给人类。如果人类食用患病动物制成的产品，就有可能被感染。"人类疯牛病"潜伏期长，最长可达 30 年之久，因而初期很难发现。目前，人类最常见的疯牛病就是新型"克雅氏症"，它是一种新型早老性痴呆症，是一种慢性、致死性、退化性神经系统的疾病。据报道，截至 2006 年全球共发现 160 人感染新型"克雅氏症"，而且它们主要发生在英国，那里也正是疯牛病最为猖獗的地方，其中 154 人已经死亡。

研究表明，新型克雅氏症由一种目前尚未完全了解其本质的病原——朊病毒所引起的。朊病毒有几个特点：首先，它没有核酸，能使正常的蛋白质由良性转为恶性、由没有感染性转化为感染性；其次，它没有病毒的形态，是纤维状的东西；第三，它对所有杀灭病毒的物理化学因素均有抵抗力，现在的消毒方法都无用，只有在 136℃ 高温和两个小时的高压下才能灭活；第四，病毒潜伏期长，从感染到发病平均 28 年，一旦出现症状半年到一年 100％ 死亡；第五，诊断困难，正常的人与动物细胞内都有朊蛋白存在，不明原因作用下它的立体结构发生变化，变成有传染性的蛋白，患者体内不产生免疫反应和抗体，因此无法监测。

问题的严重性还在于朊病毒无法控制。朊病毒能够引起 20 多种人与动物共患的疾病。与通常的克雅氏症不同，疯牛病侵犯的主要是年轻人，平均年龄 28 岁，最小的 14 岁。

目前被传染的疯牛病一是医源性感染，即通过医疗措施传染疯牛病。比如输血、医疗器械、角膜和脑组织移植、器官移植、神经外科手术器械、生物制品感染以及为治疗羊痫风而植入脑中的电极等都可能成为致病原因。二是牛源性药物感染。患病的牛脑、牛脊髓、牛血、牛骨胶制成的药物都会传染疯牛病。联合国粮农组织曾警告说，所有曾经进口肉类和骨粉类蛋白质的国家，都有出现人类疯牛病的潜在风险。

可以说，疯牛病是 21 世纪对人类的最大挑战，已成为人类的新瘟疫。目前为止，对疯牛病尚无有效的治疗方法，亦无有效的生前检测手段。但专家们认为，疯牛病是可以预防的。首先，要禁止从有疯牛病和羊瘙痒病的国家进口牛羊以及与牛羊有关的加工制品，包括牛血清、血清蛋白、动物饲料、内脏、脂肪、骨及激素类等。第二，对于动物饲料加工厂的建立和运作加以规范化，包括严格禁止使用有可疑病的动物作为原料，使用严格的加工处理方法，包括蒸气高温、高压消毒。第三，建立全球性的监测系统，与世界卫生组织和有关国家建立情报交换网，防止疯牛病和羊瘙病的出现和传播。第四，在从事研究和诊断工作时，要注意安全防护。实验用具一般要用1摩尔/升的氢氧化钠处理1小时，清洗后高温高压消毒1小时；带有致病因子的溶液、血液要用10%的漂白粉溶液处理2小时以上。只要坚持原则，疯牛病和羊瘙痒病是可以预防的。

疯牛病的流行迫使各国政府采取了一系列的措施：禁止在反刍动物的饲料中添加动物蛋白；禁止从疫源地进口牛及牛的相关制品；禁止使用羊的脾脏和1周岁以上年龄的牛和羊的骨骼及内脏作为食物及用于医药和化妆品。

由于采取了彻底隔离和焚烧病牛等紧急措施，目前疯牛病在英国已呈下降趋势，在全球也得到了控制。

第二节 禽流感

近十年来，一些病毒和疾病让世界所有的人在短时间内认识了它们，同时也让世界所有的人见识了它们的威力。

1997年5月，中国香港特别行政区发生1例3岁儿童死于不明原因的多器官功能衰竭。同年8月，经美国疾病预防和控制中心以及WHO荷兰鹿特丹国家流感中心鉴定为禽甲型流感病毒A（H5N1）引起的人类流感。这是世界上首次证实流感病毒A（H5N1）感染人类，因而引起了医学界的广泛关注。又由于它在2003年和2004年再次大范围出现，这种禽流感病毒已经从亚洲传播到欧洲和非洲，导致超过5亿家禽被感染，数百例人病例和死亡，成为震惊世界的传染性疾病。根据世界卫生组织的统计，至2011年10月10日，全球已有566例人感染被确诊，其中332人死亡。世界动物卫生组织将其列为A类疾病。我国将其列为一类疫病。

禽流感是鸟禽流行性感冒的简称，是由甲型流感病毒引起的一种禽类传染性疾病。这种禽流感病毒，通常只感染鸟类，如鸡、火鸡、鸭和鹌鹑等家禽及野鸟、水禽、海鸟等，主要引起禽类的全身性或者呼吸系统性疾病，被国际兽疫局定为甲类传染病，又称真性鸡瘟或欧洲鸡瘟。1878 年，意大利发生鸡群大量死亡，当时被称为鸡瘟，这是文献记录最早发生的禽流感。到 1955 年，科学家证实其致病病毒为甲型流感病毒。此后，这种疾病被更名为禽流感。禽流感被发现 100 多年来，人类并没有掌握特异性的预防和治疗方法，仅能以消毒、隔离、大量宰杀禽畜的方法防止其蔓延。

目前在世界上许多国家和地区都有发生，禽流感暴发，特别是高致病性禽流感暴发，对养禽业可造成毁灭性的打击。

1983—1984 年，美国宾州的高致病性禽流感暴发，造成 1 700 万家禽死亡，损失近 6 500 万美元。

1997 年 5 月，香港发生禽流感疫情，为控制疫情，香港特区政府宰杀了 130 万只家鸡。

扑杀禽流感

2003 年 3 月，荷兰发生了 H7N7 型禽流感暴发疫情，约 900 个农场内的 1 400 万只家禽被隔离，1 800 多万只病鸡被宰杀。在疫情暴发期间，共有 80 人感染了禽流感病毒，其中 1 人死亡。随后，疫情在整个欧洲蔓延开来，与荷兰毗邻的比利时和德国均出现了禽流感病毒感染病例。

一般来说，禽流感病毒高度针对特定物种，人类感染禽流感病毒的概率是很小的，主要是由于三个方面的因素阻止了禽流感病毒对人类的侵袭。

首先，禽流感病毒不容易被人体细胞识别并不容易结合；

第二，所有能在人群中传播的流感病毒，其基因组必须含有几个人流感病毒的基因片断，而禽流感病毒没有；

第三，高致病性的禽流感病毒由于含碱性氨基酸数目较多，使其在人体内的复制比较困难。

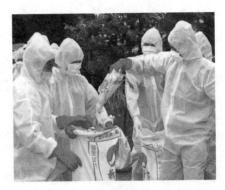

扑杀禽流感

流感病毒的抗原结构分为 H和 N 两大类。H 代表 Hemagglutinin（血细胞凝集素），有如病毒的钥匙，用来打开及入侵人类或牲畜的细胞；N 代表神经氨酸酶（Neura-midinase），是帮助病毒感染其他细菌的酵素。

目前发现的高致病性禽流感病毒——H5N1 病毒是一种人与动物共患的新病毒，它以变异的形式侵袭人类。禽流感病毒变异的方式有两种：第一种是，它自身慢慢地进行变异，逐渐地适应人类，当最终由量变到质变，并且病毒能够在人与人之间进行传播的时候，流感大流行就将爆发。第二种是，如果禽流感病毒能够直接进入人体，而被感染者体内同时又有普通的"人流感"病毒，两种病毒则可以在人体内进行基因重组，重组以后形成的病毒，就直接具有在人与人之间传播的能力。人感染后的症状主要表现为高热、咳嗽、流涕、肌痛等，多数伴有严重的肺炎，严重者心、肾等多种脏器衰竭导致死亡，病死率很高。高致病性禽流感发病率和死亡率均高，通常人感染高致病性禽流感死亡率约为60%左右。

H5N1 型病毒在禽类中的不断传播，特别是呈地方流行时，会持续对公共卫生带来威胁，这种病毒既有可能使人类罹患严重疾病，又有可能改变其存在形式，变得有更强的人间传播力。由于禽流感病毒一般只能通过禽传染给人，不能通过人传染给人，因此，对 H5N1 型病毒既无须谈禽流感色变，也不可掉以轻心。只有加强禽流感的预防工作，才能有效阻止 H5N1 型病毒的传染。

在流感多发的春季要注意做到以下几点：

（1）加强体育锻炼，注意补充营养，保证充足的睡眠和休息，以增强抵抗力。

（2）尽可能减少与禽类不必要的接触，尤其是与病、死禽的接触。勤洗手，远离家禽的分泌物，接触过禽鸟或禽鸟粪便，要注意用消毒液和清水彻底清洁双手。

（3）应尽量在正规的销售场所购买经过检疫的禽类产品。

（4）养成良好的个人卫生习惯，加强室内空气流通，每天 1～2 次开窗换气半小时。吃禽肉要煮熟、煮透，食用鸡蛋时蛋壳应用流水清洗，应烹调加热充分，不吃生的或半生的鸡蛋。要有充足的睡眠和休息，均衡饮食，注意多摄入一些富含维生素 C 等增强免疫力的食物。经常进行体育锻炼，以增加机体对病毒的抵抗力。

（5）学校及幼儿园应采取措施，教导儿童不要喂饲野鸽或其他雀鸟，如接触禽鸟或禽鸟粪便后，要立刻彻底清洗双手。外出旅途中，尽量避免接触禽鸟，例如不要前往观鸟园、农场、街市或到公园活动；不要喂饲白鸽或野鸟等。

（6）不要轻视重感冒。禽流感的病症与其他流行性感冒病症相似，如发烧、头痛、咳嗽及喉咙痛等，在某些情况下，会引起并发症，导致患者死亡。因此，若出现发热、头痛、鼻塞、咳嗽、全身不适等呼吸道症状时，应戴上口罩，尽快到医院就诊，并务必告诉医生自己发病前是否到过禽流感疫区，是否与病禽类接触等情况，并在医生指导下治疗和用药。

据报道，中国科学院上海巴斯德研究所周保罗研究组已经研究出一项用来治疗感染高致病性禽流感 H5N1 病人的最新研究成果，取得了禽流感病毒研究的新突破。高致病性禽流感已在科学家的可控范围之内了。

第三节　瘦肉精事件

近些年，运动员尿样被查出含有瘦肉精成分的情况时有发生。有时，运动员会莫名其妙地被瘦肉精陷害。运动员一次误食就可能导致多年的苦练徒劳无功，到手的金、银、铜牌转瞬成空。

北京奥运会前，欧阳鲲鹏和美国泳将哈迪均因瘦肉精尿检阳性，而被禁止参赛。2009 年 8 月，奥运冠军中国柔道选手佟文在荷兰鹿特丹柔道世锦赛第四次斩获世界柔道锦标赛 78 公斤级冠军后被查出赛后尿检呈阳性，之后被禁赛两年。她自称是误食了含有瘦肉精的猪排骨，但当时很少有人相信。

无独有偶。2010 年 8 月 18 日，22 岁的德国青年奥恰洛夫来到中国苏州，参加中国乒乓球公开赛，他闯进 8 强，但他的尿样被查出含有瘦肉精，随后被禁赛两年。乒坛的希望之星有可能就此被扼杀于摇篮之中。像所有精彩的影视剧一样，主人公的命运在关键时刻出现了"翻转"。奥恰洛夫声称他体内的瘦肉精是在中国比赛期间从被污染的食物中摄取的，不久，对他头发的检测（瘦肉精短期内不会影响到头发）证明了他的清白。

"瘦肉精"使运动员草木皆兵，导致运动员小心翼翼不敢越过圈定的食材一步，又导致普通民众的餐桌存在不安全因素。国家体育总局还不惜投以重金，买入食品安全快速检测仪和视频合成色素检测仪，以科学的手段，确保运动员们食品的安全可靠。有的运动队还采取自己养鸡、养猪和谨慎采购等土办法来避免误食含有"瘦肉精"的食品。此外，"瘦肉精"还带来了不好的国际影响，法国反兴奋剂机构和德国反兴奋剂机构先后警告本国运动员，如到中国参赛，不得食用当地的肉类食品。

瘦肉精等药物残留会影响到餐桌上的食品安全。瘦肉精在上海曾经引发了几百人的中毒事件。而在台湾，由于从美国进口的猪肉里含有瘦肉精，几乎挑起一场政治争端。

"瘦肉精"事件的集中爆发，在 2011 年中央电视台 3·15 特别行动中达到高潮。作为中国最大的生猪屠宰企业，双汇"瘦肉精"事件，使食品安全问题再一次进入人们的视野，从而引发了全社会的高度关注。

"瘦肉精"是一类化学用品的统称，而不是一种特定的物质，通常是指能够促进瘦肉生长的药物添加剂。所以，任何能够促进瘦肉生长、抑制肥肉生长的物质都可以叫做"瘦肉精"。被称为瘦肉精的化学物质，主要有莱克多巴胺、盐酸克伦特罗、沙丁胺醇、硫酸沙丁胺醇、硫酸特布他林、西巴特罗、盐酸多巴胺等 7 种。

瘦肉精

"瘦肉精"既不是兽药，也不是饲料添加剂，而是肾上腺类神经兴奋剂。目前被经常用于动物饲料上的"瘦肉精"，化学名称为盐酸克伦特罗是一种 β-兴奋剂类激素。它是一种人用药品，在医学上称为平喘药或克喘素，通常用于治疗支气管哮喘、慢性支气管炎和肺气肿等疾病。20 世纪 80 年代初美国一家公司意外发现将盐酸克伦特罗添加到饲料中可明显促进动物生长，减少脂肪含量，提高瘦肉率。于是，盐酸克伦特罗被一些唯利是图的不法者滥用。盐酸克伦特罗熔点高（172～176℃），常规烹调不会破坏其毒性，如果家畜被喂食了"瘦肉精"，多数会沉积在动物的肝、肾、肺等内脏里，人食用了含盐酸克伦特罗残留量高的肉制品和内脏后，在 15～20 分钟就会出现头晕、脸色潮红、心跳加速、心慌胸闷，不由自主颤抖，双脚站不住，四肢肌肉颤动，头晕乏力等神经中枢中毒后失控的现象，甚至死亡，对人健康危害极大。过量的盐酸克伦特罗被人体吸收，并长期累积，对高血压、心脏病等疾病患者危险性更大，可能加重病情，导致意外。

1997 年，香港发生 17 人因食用含"瘦肉精"猪内脏中毒事件，这是国内有据可查的第一宗"瘦肉精"中毒事件。此前，西班牙等国已出现盐酸克伦特罗致人中毒事件。鉴于瘦肉精日益明显的毒副作用，2002 年后，农业部、卫生部、国家药监局等部门曾多次发布公告，明令禁止在饲料和动物饮用水中添加盐酸克伦特罗、莱克多巴胺、沙丁胺醇、硫酸沙丁胺醇、盐酸多巴胺、西巴特罗、硫酸特步他淋等七种瘦肉精。

瘦肉精的毒害，最终得由消费者买单。这让很多良心未泯的从业者忧心忡忡，惶惑不安。

据不完全统计，从 1997 年至今，中国国内相继发生的 18 起因食用

"瘦肉精"猪肉中毒事件中，中毒人数超过 2 400 人。

消费者一旦误食含有瘦肉精的猪肉，出现面色潮红、头痛、头晕、胸闷、心悸、心慌、四肢发抖等症状，应立即到医院对症抢救，并将吃剩的食品留样，以备检测。如果进食后症状轻微，只要停止进食，平卧，多饮水促进毒物排泄，静卧半小时后会好转。

消费者如何避免买到瘦肉精猪肉？专家建议消费者在购买猪肉时要注意掌握"一看、二察、三测、四购买"的程序。

"一看"就是看猪肉脂肪（猪油）。一般含瘦肉精的猪肉肉色异常鲜艳；生猪吃"药"生长后，其皮下脂肪层明显较薄，通常不足 1 厘米，切成二三指宽的猪肉比较软，不能立于案；瘦肉与脂肪间有黄色液体流出，脂肪特别薄；含有"瘦肉精"的猪肉后臀肌饱满突出，脂肪层非常薄，两侧腹股沟的脂肪层内毛细血管分布较密，甚至充血。对有这类表象的猪肉产品，建议谨慎购买食用。

"二察"就是观察瘦肉的色泽。喂过"瘦肉精"的瘦肉外观特别鲜红，纤维比较疏松，时有少量"汗水"渗出肉面，而一般健康的瘦猪肉是淡红色，肉质弹性好，肉上没有"出汗"现象。

健康的肉

"三测"就是用 pH 试纸检测。正常新鲜肉多呈中性和弱碱性，宰后 1 小时 pH 为 $6.2 \sim 6.3$，自然条件下冷却 6 小时以上 pH 为 $5.6 \sim 6.0$，而含有"瘦肉精"的猪肉则偏酸性，pH 明显小于正常范围。

"四购买"就是购买时一定看清该猪肉是否盖有检疫印章和卫生检疫合格证明。

消费者要增强自我保护意识，应到有信誉的集贸或肉菜市场标明"放心肉"的摊位购买，尽量少吃动物内脏，对怀疑有问题的肉品，可要求驻场管理人员鉴别检查或向有关部门投诉。肉菜市场的肉摊在接收肉品时应严格验收，把好卫生质量关。

瘦肉精影响到餐桌上的食品安全，吃上放心肉，事关全体人民的切身利益和中国食品的声誉，人们有必要认真反思并更加审慎地看待食品安全问题。

第四节 毒奶粉风波

一场轩然大波，很容易使人记住一个冷僻的化学名词。这样惨痛的记忆，在中国乳制品行业的发展史上已有多次。

2008 年 9 月 8 日是个值得记忆的日子。这一天，甘肃《兰州晨报》等媒体首先以"某奶粉品牌"为名，爆料造成结石婴儿的毒奶粉事件，三鹿问题奶粉事件浮出水面。

毒奶粉风波

其实，2008 年 6 月以来，中国人民解放军第一医院泌尿科已经先后收治了 14 名来自甘肃患有"双肾多发性结石"和"输尿管结石"病症的婴儿，这 14 名婴幼儿都来自农村，皆因长期食用"三鹿"牌奶粉而造成泌尿系统结石。

9 月 11 日，三鹿作为毒奶粉的始作俑者，被新华网曝光，社会为之哗然。毒奶粉事件迅速引起政府有关部门的重视。9 月 16 日，国家质检总局通报了全国幼儿奶粉三聚氰胺含量抽检结果，共有 22 家企业 69 批次产品查出含量不同的三聚氰胺。

截至 2008 年 9 月 21 日，全国因食用含三聚氰胺的奶粉导致住院的婴幼儿 1 万余人，其中 158 名婴幼儿发生肾衰竭，官方确认 4 例患儿死亡。

"三鹿毒奶粉事件"捅破了奶业的一个"脓包"，引发了奶业界的"大地震"，推倒了乳制品行业的"多米诺骨牌"。国产奶粉爆发全行业危机，占市场份额 70% 以上的奶业三大巨头（光明、蒙牛、伊利）的地位有所动摇，其市场份额大为缩水。

据三鹿集团解释，问题奶粉是由于不法奶农向鲜奶中渗入了三聚氰胺所致。

三聚氰胺（Melamine）（化学式：$C_3H_6N_6$），俗称蛋白精，是一种低毒性有机化合物，属化工原料。它是白色单斜晶体，几乎无味，微溶于水（3.1克/升常温），可溶于甲醇、甲醛、乙酸、热乙二醇、甘油、吡啶等，三聚氰胺本身对身体有害，所以不可用于食品加工或食品添加物。

然而，这种主要用于生产塑料和肥料，并且具有毒性的三聚氰胺为何会出现在婴儿的奶粉中呢？

三聚氰胺

众所周知，蛋白质主要由氨基酸组成。蛋白质的含氮量一般不超过30％，而三聚氰胺的分子式含氮量为66％左右。目前，奶粉中蛋白质含量的测定主要采用"凯氏定氮法"测出含氮量来估算蛋白质含量。但"凯氏定氮法"只能测出含氮量，并不能鉴定食品中有无违规化学物质。同时，三聚氰胺是一种白色结晶粉末，没有什么气味和味道，掺入后不易被发现，且成本很低，因此，三聚氰胺常常被不法商人滥用，恶意添加在奶粉中，以提升食品检测中的蛋白质含量指标。

据实验报道：动物长期摄入三聚氰胺会造成生殖、泌尿系统的损害，膀胱、肾部结石，并可进一步诱发膀胱癌。而三聚氰胺进入人体后，会发生取代反应（水解），生成三聚氰酸，三聚氰酸和三聚氰胺形成大的网状结构，造成结石。

婴幼儿食用问题奶粉后会出现小便少、小便困难等异常症状，这是因为出现肾结石后，容易导致尿路感染，造成尿少而困难的症状。如果肾结石发展严重，孩子就会出现浮肿、解不出小便等情况，有时还会出现尿血。这是急性肾功能衰竭的症状，这样的症状还包括乏力、精神淡漠、瞌睡、烦躁、厌食、恶心、呕吐、腹泻，严重者出现贫血、呃逆、口腔溃疡、消化道溃疡或出血、抽搐、昏迷、呼吸困难等。

牛奶是营养丰富的人类日常基本食品，几乎所有人群都是乳制品的消费对象，其中婴幼儿更成为消费的主力。但2001年以来，"有抗奶"、"还原奶"、"回炉奶"、"皮革奶""早产奶"等敏感词汇一次次触碰消费者的敏感神经。"问题奶粉"的连续出现引起社会消费恐慌心理，早些时候的"毒奶粉"，让许多婴儿成了"大头娃娃"；后来加了三聚氰胺的"毒奶粉"，又造成更多孩子肾损害；且三聚氰胺奶粉在随后的几年里又数度重出江湖。而2011年，蒙牛公司黄曲霉毒素事件之后，又一个冷僻的化学名词被传得沸沸扬扬，更令人不安的是，专家解释其毒性甚至远远超过三聚氰胺。

选购洋奶粉

从"毒奶粉"风波中一路走来，公众不断重温着类似的梦魇。面对一波未平，一波又起的乳业安全问题，家长们闻国产"奶"色变。被内地"毒奶"的恐惧所驱赶，一大群家有儿女的父母们为求安全，无奈之下舍近求远，慌慌张张涌入香港、澳门抢购进口奶粉。抢购导致的结果是，香港所有超级市场都面临奶粉断货状况而被迫开出限购令。

一场毒奶粉危机，活生生将内地儿童的嘴从三鹿、蒙牛、伊利、光明、雅士利的"民族品牌"堆里扯走，吮向雅培、惠氏、美素、美赞臣、多美滋等"进口品牌"。

婴幼儿如何防治肾结石？

如果怀疑孩子出现肾结石，要让孩子大量喝水，有的孩子大量喝水后，少量的结石会随尿排出。对于婴幼儿的肾结石，只要及时治疗就能恢复，但久拖不治，时间长了就可能产生后遗症。因此，一旦家长发现孩子有细微变化，就应该立即就医检查。

其次，是要大力提倡母乳喂养。生育是一种奉献，而母乳喂养会使这一奉献过程更加专注浓郁，百年受益，且使母亲生理状态恢复得最为充分自然，包括减少乳癌概率，加快子宫回缩，促进激素水平回归等。研究表明母乳是最好的婴儿食品。母乳有最完备的营养（至少是六个月之前），包括蛋白质、糖、脂肪和抗生素。有不少母乳喂养的婴幼儿在体质及智力上都受益终生。中国每年约出生 1 600 万左右儿童，因此，社会和家庭都要更加重视和提倡母体喂养，提高母乳喂养率，保证下一代的健康成长。

这些年，乳制品安全问题频频成为社会关注的焦点，乳品质量信任危机，还在不断蔓延，它留给我们的创伤是巨大的。透过此事，也留给人们太多的思考，消费者何时能喝上放心奶？

第五节　食品添加剂

民以食为天。当你吃着精美点心、快餐盒饭、香喷喷的热狗时，瞟一眼印刷精美的包装食品上的营养成分表，你就会发现每种食品中都有添加剂成分。

小朋友们爱喝的奶茶配料表上，除了水、白砂糖、全脂乳粉、红茶粉外，几乎都是食品添加剂："卡拉胶、柠檬酸、山梨酸钾、二氧化硅……"大约有 12 种食品添加剂。

在超市中随手买一包饼干、一袋面包、一瓶饮料、一包蜜饯……甚至奶饮料制品及酱油、醋等调味品，你都会发现很多化学物质的名称：麦芽糖醇、碳酸氢铵、碳酸氢钠、碳酸氢钙、阿斯巴甜、安赛蜜、羧甲基纤维素钠、乳酸、柠檬酸钠、三聚磷酸钠、瓜尔胶、黄原胶、乳酸链球菌素、甜蜜素、糖精钠、苯甲酸钠、柠檬酸等，有时候会多达十几种——这些都是各种各样的食品添加剂。

据统计，现有的食物中 97% 含有食品添加剂，约有 2 000 多种。不管是直接添加，还是间接添加，每个成人每天大概要吃进八九十种，大约 10 克食品添加剂。

最近，一向以服务理念著称的海底捞火锅店，被爆出白汤锅底、酸梅汤和柠檬水是"勾兑"产品后便饱受诟病，成为继味千拉面、肯德基、永和豆浆之后又一个被"勾兑"二字伤害的知名连锁餐饮企业。勾兑、冲兑其实就是在食品中使用了食品添加剂。

从苏丹红到三聚氰胺、从瘦肉精到牛肉膏、从染色馒头到毒豆芽，市场上因为添加剂而引发的食品安全问题层出不穷。各种危害人体健康的食品安全事件频频曝光，增加了人们对于食品添加剂的担忧。2011年4月媒体曝光广东南海不法商人"猪肉"变"牛肉"的事件，更让人们见识了化学的神奇。

人们开始对食品添加剂产生恐惧，当消费者听到添加剂这个词的时候，首先想到的就是它令人担忧的一面，人们发出疑问：食品添加剂到底是不是必需的？是否安全？

首先我们要弄清楚，什么是食品添加剂？

世界各国对食品添加剂的定义不尽相同，联合国粮农组织（FAO）和世界卫生组织（WHO）联合食品法规委员会对食品添加剂定义为：食品添加剂是有意识地一般以少量添加于食品，以改善食品的外观、风味和组织结构或贮存性质的非营养物质。按照这一定义，以增强食品营养成分为目的的食品强化剂不包括在食品添加剂范围内。

按照《中华人民共和国食品安全法》第九十九条，中国对食品添加剂定义为：食品添加剂，指为改善食品品质和色、香、味以及为防腐、保鲜和加工工艺的需要而加入食品中的人工合成或者天然物质。

食品添加剂具有以下三个特征：一是作为加入到食品中的物质，一般不单独作为食品来食用；二是既包括人工合成的物质，也包括天然物质；三是加入到食品中的目的是为改善食品品质和色、香、味以及为防腐、保鲜和加工工艺的需要。

目前，中国商品分类中的食品添加剂种类共有35类，含添加剂的食品达万种以上。其中，按《食品添加剂使用标准》和卫生部公告允许使用的食品添加剂分为23类，共2 400多种，有国家或行业质量标准的364种。主要有酸度调节剂、抗结剂、消泡剂、抗氧化剂、漂白剂、膨松剂、胶基糖果中基础剂物质、着色剂、护色剂、乳化剂、酶制剂、增味剂、面粉处理剂、被膜剂、水分保持剂、营养强化剂、防腐剂、稳定剂和凝固剂、甜味剂、增稠剂、食品用香料、食品工业用加工助剂、其他等23类。

以下结合我们日常的食物来解读食品添加剂的用途。

防腐剂——是指能抑制食品中微生物的繁殖，防止食品腐败变质，延长食品保存期的物质。防腐剂一般分为酸型防腐剂、酯型防腐剂和生物防腐剂。常用的有苯甲酸钠、山梨酸钾、二氧化硫、乳酸等。主要用于果酱、蜜饯等的食品加工中。

食品添加剂的小知识

了确保将食品添加剂正确的使用到食品中，一般来说，其使用应遵循以下原则：
1. 经食品毒理学安全性评价证明，在其使用限量内长期使用对人安全无害。
2. 不影响食品自身的感官性状和理化指标，对营养成分无破坏作用。
3. 食品添加剂应有中华人民共和国卫生部颁布并批准执行的使用卫生标准和质量标准。
4. 食品添加剂在应用中应有明确的检验方法。
5. 使用食品添加剂不得以掩盖食品腐败变质或以参杂、掺假、伪造为目的。
6. 不得经营和使用无卫生许可证、无产品检验合格及污染变质的食品添加剂。
7. 食品添加剂在达到一定使用目的后，能够经过加工、烹调或储存而被破坏或排除，不摄入人体则更为安全。

抗氧化剂——与防腐剂类似，具有抗氧化剂的作用机理，可以保持食品的色泽，自然风味，延长保质期。主要用于肉制品、水果、蔬菜、罐头、果酱、啤酒、汽水、果茶、果汁、葡萄酒等。

着色剂——常用的合成色素有胭脂红、苋菜红、柠檬黄、靛蓝等。它可改变食品的外观，使其增强食欲，可以用于调制乳、冷冻饮品、冰淇淋、雪糕、果酱、腐乳、糖果、方便米面制品、饼干、腌腊肉制品、醋、酱油、饮料、果冻、膨化食品，但不允许用在生鲜肉或调理肉制品中。

增稠剂和稳定剂——可以改善或稳定冷饮食品的物理性状，使食品外观润滑细腻，使冰淇淋等冷冻食品长期保持柔软、疏松的组织结构。

膨松剂——部分糖果和巧克力中添加膨松剂，可促使糖体产生二氧化碳，从而起到膨松的作用。常用的膨松剂有碳酸氢钠、碳酸氢铵、复合膨松剂等。

甜味剂——能赋予食品的甜味。常用的人工合成的甜味剂有糖精钠、甜蜜素等，目的是增加甜味感，常用于罐头、酱菜、饼干、蜜饯凉果等食品，调制清凉饮料，加味水及果汁汽水最适宜。

酸味剂——部分饮料、糖果等常采用酸味剂来调节和改善香味效果，常用柠檬酸、酒石酸、苹果酸、乳酸等。

漂白剂——除具有漂白作用外，还具有防腐作用。其产生二氧化硫（SO_2），还能消耗果蔬组织中的氧，抑制氧化酶的活性，可防止果蔬中的维生素 C 的氧化破坏。

香料——香料有合成的，也有天然的，香型很多。消费者常吃的各种口味巧克力，生产过程中广泛使用各种香料，使其具有各种独特的风味。

酶制剂——是从生物（包括动物、植物、微生物）中提取具有生物催化能力酶特性的物质，主要用于加速食品加工过程和提高食品产品质量。

增味剂——是指为补充、增强、改进食品中的原有口味或滋味的物质，有的称为鲜味剂或品味剂。

面对问题频出的食品添加剂事件，有人会问："过去我们的老祖宗没有食品添加剂，不也这样过来了么？"但是我们不是生活在自给自足的自然经济社会，在现代商品经济的时代，适应快节奏的生活，没有食品添加剂是不行的。食品流通过程中的防腐以及保质期的问题，怎样把食品的风味、营养成分更好保留，这些都离不开食品添加剂。随着人民生活水平的不断提高，生活节奏显著加快，人们对食品的口感、风味、质量、营养、安全等有了更新、更高的要求。在食品加工制造过程中合理使用食品添加剂，既可以改善食品品质和色、香、味、形及组织结构，还能保持和增加食品的营养成分，防止食品腐败变质，延长食品保存期，便于食品加工和改进食品加工工艺，提高食品生产效率。所以，添加和使用食品添加剂是现代食品加工生产的需要，对于防止食品腐败变质，保证食品供应，繁荣食品市场，满足人们对食品营养、质量以及色、香、味的追求，起到了重要作用。因此，现代食品工业不能没有食品添加剂。

实际上，有时候不使用防腐剂还具有更大的危险性，这是因为变质的食物往往会引起食物中毒的疾病。另外，防腐剂除了能防止食品变质外，还可以杀灭曲霉素菌等产毒微生物，这无疑是有益于人体健康的。以日常人们所熟知的花生油来说，如果没有添加抗氧化剂（一种食品添加剂），花生油就很容易被氧化，从而变质。一旦变质，花生油所产生的致癌物，对人类健康的影响比添加抗氧化剂的影响更大。

同样，那些保质期在半年以上的果脯蜜饯、酱油咸菜，如果没有糖和盐这两种"天然防腐剂"的帮助，就会很快被细菌和霉菌毁掉。其中的糖和盐也是食品添加剂。微生物时时刻刻都准备和我们争夺食品中的营养物质，空气中的氧气也在随时准备让食物中的营养成分氧化变质，所以说，食品添加剂不该加的时候乱加不行，该加的时候不加也不行。重要的是要严格控制食品添加剂的使用量，做到安全使用。对此，卫生部公布新修订的《食品添加剂使用标准》，对普通食品添加剂、食品用加工助剂和食品用香料共 2 314 种，规定了使用限量、范围和原则；新制定公布了《复配食品添加剂通则》；公布了 102 项新的食品添加剂产品标准，进一步强化管理措施。只要企业严格按照国家规定的要求生产，其食品是有安全保证的。

添加剂本身的功过，消费者也应该能理解，就比如备受大众喜爱的巧克力，没有改性脂肪作为乳化剂的帮助是无法做出来的；还有北方人爱吃的馒头，必须要放入酵母，否则不可能"发"起来；另外，馒头里还必须放入食用碱，这样馒头吃起来才不会发酸，口感好。酵母或者酶制剂都属于食品添加剂。简单地说，食品添加剂的功效是为了使好的东西更好，而不是让坏的东西变好，更不是让好的东西变坏。如目前在市场上销售的牛肉汤料、鸡精、风味饼干、膨化食品、方便面调味等，已被消费者广泛接受和食用。所以，消费者对食品添加剂无需过度恐慌，大可不必谈"添"色变。

人们每天接触到各种食品添加剂，但对它的认识还存在一些误区。

误区 1：违法添加物等于食品添加剂

认为只要是"食品添加剂"就不安全。其实，已经在食品安全问题中曝光的三聚氰胺、苏丹红、瘦肉精等根本不是食品添加剂，而是非法添加物。但很多人把这些都归结为食品添加剂，实在是让食品添加剂有点冤枉。

误区 2：食品添加剂已成为最严重的食品安全问题

从我们目前接触到的真正食品安全事件，给消费者身体健康带来危害的事件看，没有一起是因为使用食品添加剂造成的。我国对食品添加剂有非常严格的审批程序，能够保证适量的食品添加剂不会给消费者身体健康带来危害。目前像致病性微生物、食品中的污染物等，远远排在食品添加剂前面威胁食品安全。所以食品添加剂肯定不是最严重的危害安全的问题。

误区 3："纯天然"等于安全

认为纯天然的就是最好的，看见"本品不含任何添加剂"这样的说明就觉得很放心，这样的想法是对添加剂的误解。天然并不等同于安全，如果其中含有真菌毒素的话，风险也是很大的，微生物经常会引起食源性疾病，这也是不容忽视的。很多人都存有这样的偏见，人工合成的东西多半是不安全的，而天然食品就安全得多。"纯天然"有时甚至会被当成"绝对安全"的代名词。

其实，一些"纯天然"的食品也可能有毒、有害。在自然环境下生长的野菜为了适应野外的恶劣环境，在长期的生长繁衍过程中，会产生某些毒性物质，以抵御外来侵害。还有些野菜对某些毒素具有很强的吸附能力，如香椿就可吸附亚硝酸盐，蕨菜更是一种典型的"危险"食品。早在100多年前，人们就注意到蕨菜能够造成牛的中毒，大量食用蕨的牛，最快的会在几周之后死亡。而吃得较少的，骨髓功能会逐渐丧失，从而导致白细胞缺乏、血小板减少。

误区4："传统古法"一定很安全

很多人认为，以传统方法手工制作的食品就一定是安全的。传统手工生产方法已经流传千百年，经过了无数人的"肠胃检验"，当然很安全。这种认识实际上把"古人不知道有危害"等同于"没有危害"。实际上，如果对许多通过传统方法，手工制作的食物进行一次现代食品安全审核，有很多东西都会被列入"禁止"清单。比如说，传统的油条制作方法要使用明矾，不用就不够松脆好吃。不过，明矾含有铝元素，摄入量过多会产生神经毒性。传统工艺制作松花蛋时，会在浸渍液中加入氧化铅、氧化铜等物质，以使蛋白质凝固。这样制作的松花蛋含有毒重金属。相比之下，现代工艺加工的松花蛋则不容易产生有毒物质。腌腊制品中的防腐剂问题也是一样，通过传统方法手工生产的腌腊制品，也会自然生成亚硝酸盐。

误区5：没有添加剂更安全

人们对食品添加剂的谈"添"色变，常常将"不含添加剂"之类的标注看成是安全的象征。不过，在很多情况下，如果没有合适的添加剂，加工食品反而更不安全。

一般来说，油脂在空气中放上十来天就会氧化变质，产生"哈喇味"，但油炸方便面的保质期却是半年，而且不会有味，其中起作用的便是添加了抗氧化剂。油脂必然会在空气中氧化，除了方便面之外，凡是油脂含量比较高的食品，都难免要求助于抗氧化剂。

误区 6：食品添加剂都是化工产品

过氧化苯甲酰、聚山梨酯……许多食品添加剂都是人工合成的产品。然而，这并不意味着所有的食品添加剂都是人工合成的。

事实上，除了这些化学合成产品外，食品添加剂的家族中也有谷氨酸钠、柠檬酸、维生素 C 等生物合成产品，以及众多的天然提取物，包括天然色素、天然香料、天然甜味剂（甘草甜、甜菊苷等）、增稠剂（琼脂、卡拉胶、果胶、变性淀粉）等。

食品安全问题是当今世界所关注的重点，任何国家都不可能做到"零风险"。当前最为突出的问题是食品非法添加和滥用食品添加剂，也就是在某个食品上添加不该使用的添加剂，或者超范围、超限量使用食品添加剂。需要严厉打击的是食品中的违法添加行为，迫切需要规范的是食品添加剂的生产和使用问题。

随着国家相关标准的出台，食品添加剂的生产和使用必将更加规范。作为消费者也应该加强自我保护意识，多了解食品安全相关知识，要抱着"简单的怀疑"精神去挑选加工食品。对超出常规、价位便宜和颜色漂亮的食品多一点"简单的怀疑"，还要养成翻过来看"背面"的习惯，尽量买含添加剂少的食品，尤其不要购买颜色过艳、味道过浓、口感异常的食品。

第六节　转基因食品及其安全性

带着美好的愿望预测未来：我们可能再也不会担心农药的危害，我们吃的食品都是新鲜的，我们的食品不会短缺……也许糖尿病人只需每天喝一杯特殊的牛奶就可以补充胰岛素，也许我们会见到多种水果摆在药店里出售，补钙的、补铁的、治感冒的、抗病毒的……能带来这一切的，很有可能就是转基因食品。

所谓"转基因食品"，就是以转基因生物技术生产的动植物为原料，直接食用或者作为加工原料生产的食品。也就是说，通过基因工程手段将一种或几种外源性基因转移至某种生物体中去，改造生物的遗传物质，使其在性状、营养品质、消费品质等方面向人们所需要的目标转变。以这样的生物体作为食品或以其为原料加工生产的食品，就是转基因食品。

从 1983 年世界上第一批转基因植物——烟草和马铃薯被培植出来至今，世界各国已试种的转基因植物已超过 4 500 种，其中已批准商业化种植的已接近 90 种。由于转基因食品具有增加食物资源、提高食品的营养价值、强化食物的保健功能、减少食品农药残留、改善食物的品质等优势，因此转基因食品在短短几十年中得到飞速的发展。随着转基因农作物的商业种植面积迅速扩大，大量的转基因农产品已直接或间接地制作成人类的食品。

迄今为止，转基因牛羊、转基因鱼虾、转基因粮食、转基因蔬菜和转基因水果在国内外均已培育成功并已投入食品市场，越来越多的转基因食品以超乎想象的速度侵入了人们的生活。

在美国和加拿大，软饮料、啤酒、早餐麦片中都已含有转基因成分，美国甚至有 60% 的零售食品含有该成分。目前美国转基因食品多达 4 000 多种，占加工食品中的 60% 左右。英国 7 000 多种婴儿食品、巧克力、冷冻甜品、面包、人造奶油、香肠、肉类等产品中都可能含有经过基因改造的大豆副产品。

我国转基因食品虽未规模生产，但近年来由于进口的转基因作物以及初级加工品数量猛增，在我国百姓的餐桌上也存在着大量的转基因食品。市场调查显示，我国市场上 70% 的含有大豆成分的食物中都有转基因成分，像豆油、磷脂、酱油、膨化食品等。一些进口食品中也含有转基因成分，如在我国流行的快餐食品店麦当劳和肯德基的食品中，转基因的含量都很高。所以，很多公众其实是在不知不觉中和转基因食品有了联系。

人们对转基因食品已不再陌生。转基因食品大体上分为四类：

第一类，植物性转基因食品。如转基因大豆、玉米、油菜、马铃薯、南瓜、西葫芦和木瓜等。植物性转基因食品很多。例如，面包生产需要高蛋白质含量的小麦，而目前的小麦品种含蛋白质较低，将高蛋白基因转入小麦，将会使做成的面包具有更好的焙烤性能。

番茄是一种营养丰富、经济价值很高的果蔬，但它不耐贮藏。为了解决番茄这类果实的贮藏问题，科学家通过转基因技术，已培育出了这种抗衰老，抗软化，耐贮藏的番茄。

第二类，动物性转基因食品。如转基因鱼、猪、鸡、羊等。动物性转基因食品也有很多种类。比如，牛体内转入了人的基因，牛长大后产生的牛乳中含有基因药物，提取后可用于人类病症的治疗。在猪的基因组中转入人的生长素基因，猪的生长速度增加了一倍，猪肉质量大大提高。

第三类，转基因微生物食品。是利用转基因微生物的作用而生产的食品，如转基因微生物发酵制得的葡萄酒、啤酒、酱油等。

第四类，转基因特殊食品。科学家利用生物遗传工程，将普通的蔬菜、水果、粮食等农作物，变成能预防疾病的神奇的"疫苗食品"。越来越多的抗病基因正在被转入植物，使人们在品尝鲜果美味的同时，达到防病的目的。

可以毫不夸张地说，未来的农业就是转基因农业。传统农作物正逐渐被转基因农作物所取代，越来越多的基因食品摆上了人们的餐桌。基因改造工程提升了食物品种的质量，我们在享受它带来的好处时，也担心这种改写自然生命密码技术生产出来的食物，对人类健康会有什么影响？

人们对转基因食品心存疑虑。尽管迄今尚未发现转基因食品对人体造成危害的实例，但也不能证明转基因食品完全无害。目前认为转基因食品可能的潜在危害主要以下几个方面：

（1）致敏性。根据联合国粮农组织统计，世界上90％以上的食物过敏是由大豆、花生、坚果、小麦、牛乳、鸡蛋、鱼和贝类8种食物引起的。在转基因操作中，有可能加入一些无食用历史的过敏源。如果将编码这些蛋白的基因导入作物中，可能使转基因食物产生过敏反应。

（2）抗药性。目前转基因工程中，抗生素抗性标记基因的应用最为广泛，其本身并无安全性问题，但通过基因水平转移，有可能将抗生素抗性标记基因传递给人肠道中的微生物，并在其中表达，获得抗药性，这就可能影响口服抗生素的药效，对健康造成危害。为了彻底消除这一因素的潜在危险，科学家正设法在转基因植物食品中避免使用抗生素抗性标记基因，特别是不用与临床上使用的抗生素抗性编号相同的标记基因。

（3）致毒致害作用。1998 年苏格兰 Rowett 研究所 Arpad Pusztai 博士报道，用转雪花莲凝集素（GNA）基因的抗虫马铃薯饲喂大鼠，引起大鼠体重严重减轻，免疫系统遭破坏。1999 年，Arpad Pusztai 博士又同病理学家 Stanley Ewen 一起研究了转 GNA 基因抗虫马铃薯对大鼠胃肠道不同部分的影响，结果发现，大鼠胃黏膜、腔肠绒毛以及肠道的小囊长度均有不同程度的变化。该研究虽然存在试验动物数量不足、大鼠饲料单一等严重缺陷，但却引起了媒体与公众对转基因食品的担心，由此引发了国际上对转基因作物安全性的争论。

（4）增强食物中的毒素和抗营养因子。有许多食源性生物本身能产生大量的毒性物质和抗营养因子，以抵抗病原菌和害虫的入侵。如豆类中含有蛋白酶抑制因子、凝集素和生氰糖苷等。传统食品中这类毒性物质和抗营养因子的含量较低，或者在加工过程中可以除去，因此并不影响人体健康。但转基因食品中，特别是抗虫转基因作物的产品，则有可能增加这类物质的含量或改变这类物质的结构，使其在加工过程中难以破坏，造成对人体的危害。目前虽然没发现转基因食品由于增加了有毒物质或抗营养因子而对人体产生不利影响的案例，但不能排除这种可能性，因此需要对这类转基因食品进行严格的毒理学评价。

在转基因技术和转基因食品给人类带来益处的同时，它也给人们带来许多忧虑。尤其是近年来被疯牛病、二恶英事件弄得心有余悸的欧美国家，对食品安全问题极为谨慎。尽管欧美一些转基因食品开发商声称转基因食品的本质只是运用生物技术来加速作物的自然选择过程，对人体是无害的，但大多数消费者对此项技术的安全性仍持怀疑态度。据国际民意调查显示，66％的法国人认为转基因食品对健康有害，在英国也只有 14％的人表示接受该类食品，而超过六成（62.8％）的中国消费者对转基因食品感到"没有安全感"。

转基因食品因为引入了外源基因或修饰内源基因，打破了物种之间的界限，可能对上万年才形成的生态平衡造成意想不到的作用。因此，人们自然要问，食用转基因食品安全吗？

最早提出转基因食品安全问题的人是英国阿伯丁罗威特研究所的一位叫阿帕德·普兹泰教授。1998 年他在一次应邀的电视专访中，警告人们关注未经安全试验就推广的转基因食品。他声称他们正在进行的试验显示，转基因大豆会产生一种杀虫凝集素，这种凝集素让喂养的小鼠免疫系统受损，生长发育受阻。普兹泰的电视讲话立即引起轩然大波。

1999年英国的权威科学杂志《自然》刊登了美国康乃尔大学约翰·罗西教授的一篇论文，指出蝴蝶幼虫等田间益虫吃了撒有某种转基因玉米花粉的菜叶后会发育不良，死亡率特别高。目前尚有一些证据指出转基因食品潜在的危险。

但更多科学家的试验表明转基因食品是安全的。主要有以下几个理由：首先，任何一种转基因食品在上市之前都进行了大量的科学试验，国家和政府有相关的法律法规进行约束，而科学家们也都抱有严谨的治学态度。另外，传统的作物在种植的时候农民会使用农药来保证质量，而有些抗病虫的转基因食品无需喷洒农药。还有，一种食品会不会造成中毒主要是看它在人体内有没有受体和能不能被代谢掉。比如说，我们培育的一种抗虫玉米，向玉米中转入的是一种来自于苏云金杆菌的基因，它仅能导致鳞翅目昆虫死亡，因为只有鳞翅目昆虫有这种基因编码的蛋白质的特异受体，而人类及其他的动物、昆虫均没有这样的受体，所以无毒害作用。转化的基因是经过筛选的、作用明确的，所以转基因成分不会在人体内积累，也就不会有害。

其实，探讨转基因食品的安全性，可以从自然界中生物的起源和进化来分析。

千差万别的生物体有一共同的起源，它们都是由核酸组成的基因决定其遗传性状，并且保持世代的稳定性。基因突变和重组是生物进化的主要动力，生物遗传物质的转移有两种方式，一种是纵向转移，即从亲代向子代转移；我们通常所说的"种瓜得瓜，种豆得豆"就是遗传物质的纵向转移。另一种是横向转移，即在不同生物物种之间转移。在自然界中，遗传物质的变异是生物进化的动力，而普遍存在着的遗传物质的横向转移现象就是变异的重要原因之一。基因横向转移是基因突破物种界限，从一个基因组转移到另一基因组，这是自然界中最典型的转基因现象。

实际上，变异是生物界永恒的主题，在DNA分子水平上绝大多数子代个体都与其亲代不一样。例如，最近的研究结果证明，被遗传工程用为模式植物的拟南芥的核基因组中就至少有18％（约4 500个）的基因来自于叶绿体等质体。在水稻核基因组中也发现了大片段的叶绿体DNA。

纵观生命的发展历程，我们可以看到，生物起源的本身就是大规模基因横向转移的产物。在漫长的生物进化过程中，生物必须不断地使自身在"物竞天择"的自然界中处于竞争优势，或者至少不被环境条件的变化所淘汰。而进化的源泉就来自于DNA的变化，转基因就是DNA改变的主要途径之一。

因此可以说，转基因是生物进化及育种技术发展的必然。转基因只不过是人类从大自然那里学来的促进基因横向转移的一种方式。

同其他技术一样，转基因技术本身是中性的，它既是生物进化的必然，也是人类育种技术发展的必然。转基因产品是否安全，主要看对其转的是什么基因，基因表达产生什么效果，而不是笼统地担心所有的转基因产品，更没有必要对其感到恐慌。因为科学家在进行转基因操作时，一般是有特定目标生物和特定育种目标的，对培育出的转基因品种，除了自然选择外，还有严格的人工选择，以保证其对环境和人类的有益无害。

与其他的品种改良技术一样，转基因是大自然教给我们的更加有效、准确的改良品种技术。对转基因技术培育出来的品种应该与通过其他方法培育出来的品种同等看待。转基因技术也相当于人工再现自然界本来就存在的转基因过程，而且是在可控条件下进行可预期的基因转移，在理论上其安全性要远远超过自然界的基因转移。

生物技术特别是基因工程将是21世纪经济科技发展的关键技术，发展转基因食品是解决人类粮食短缺的一条重要途径。转基因食品是新的科技产物，我们相信，只要按照一定的要求去做，生物技术的发展会是健康、有序的。应该看到，任何一项新的科学技术的应用都有它的两面性。如工业革命为人类社会创造了巨大的财富，但同时引起了灾难性的环境污染和生态平衡的破坏；核能的开发提供了巨大的能源，同时也制造出了能够毁灭人类的核武器；农药使农作物大幅度增产，但同时也对人畜和环境造成极大的危害。尽管现在转基因食品还存在这样或那样的问题，但随着科技的发展，科学家总会有办法解决其所产生的潜在危害。人们的生活将会因生物技术带来的转基因食品而变得更加丰富多彩，人类将有一个更加快乐幸福的未来。

第五章

未 来 农 业

农业，向来与古老相连，然而，这个最为基础，也看似最为简单的产业正孕育着天翻地覆的变革，在高新技术的支撑下，以它潜藏的、不可思议的强大生命力支撑着未来。

有专家认为，未来农业走向将出现五大趋势：

一是从"平面式"向"立体式"发展。即利用各种农作物在生育过程中的"时间差"和"空间差"进行合理组装，精细配套，组成各种类型的多功能、多层次、多途径的高优生产系统。

二是从"自然式"向"设施式"发展。一些农业专家精心设计，把农场式农业生产改造成农业公园，集农业种植、绿化环境、观光旅游等为一体，劳动也将成为一项愉快的工作。

三是从"机械化"向"电脑自控化"发展。农业机械给现代化农业带来了活力。电子计算机智能化管理模块系统在农业上的应用，将使农业现代化管理更上新台阶。

四是从"化学化"向"生物化"发展。现代农业已普遍使用化肥、农药、除草剂和植物激素，这虽然增加了农作物产量，但也带来了环境污染等公害。未来农业将进入一个崭新的生物化绿色、洁净的农业时代。

五是从"地面"向"太空"扩展。未来农业将向宇宙拓展，如利用太空培育新品种，发展太空农业等。

未来农业将十分令人期待！

第一节 生物农业

21世纪是生命科学的世纪，医药和农业这两大传统的生命科学领域因生物工程技术的发展而处于新的产业革命的前沿。近10年来，生物农业的应用和产业化成为新的研究热点，转基因农业生物技术产业化被称为是生物技术产业化的第二次浪潮。

目前，生物技术已经使曾经相互分离的两个部门——农业和药品制造业融合在一起，食品生产者（包括农民和消费品生产商）、医药厂家、自然疗法食品生产商将成为该领域的主角，为某些主要农作物增加一些特殊属性。

生物农业包括转基因育种、动物疫苗、生物饲料、非化学害虫控制和生物农药几大领域，其中，转基因育种是发展最快、应用最广、发展最有潜力的一个领域；非化学方式害虫控制和生物农药是保证农产品与食品安全的重要手段。

耕地和水资源是农业赖以生存和发展的命脉。在可预见的未来，它们将是人类重点保护的对象。未来全球人口的增加与粮食不足间的矛盾将变得更加尖锐，农业将面临更大的压力，土地的负担变得非常沉重。

随着生活水平的不断提高，人们对食品质量的要求也相应提高，人类将消费更多的高蛋白食品，而生产高蛋白食品需要大量的谷物，如生产1升牛奶需要0.28千克谷物；1千克牛肉需要8～20千克谷物。这种变化对未来的经济、环境和人类健康等将产生一系列重要影响。

面对与日俱增的食品供应压力，传统农业的有限产出势必使人类走进一种尴尬的境地。而生物技术作为新世纪最重要的高新技术，将是解决目前全球粮食危机、能源短缺和环境恶化等一系列问题的重要手段。

始于20世纪40年代的绿色革命极大地提高了农业生产率，改变了亿万人的生存状态。以生物技术为基础的新一轮绿色革命，其影响将远远超出上一次。它将使人类有能力控制包括动物和植物在内的各种生命形式，农业生产率得到更大提高，食品产量足以满足全球快速增长的人口的需求。

生物技术引发新的农业革命。未来农业将因选择性育种、杂交、转基因技术而提高农作物的产量；基因工程将一年生植物培育成多年生植物，可大大减少农作物的种植面积，降低种植成本，人们可以重点培育和种植产量更高的其他农作物；生物技术将使果树发育成熟的周期缩短，随着技术的发展，未来种植合成的果树将使传统果园歇业，在实验室的罐子里就可批量生产水果，从而节约大量土地；无菌生物反应器也可以直接大量合成人们所需要的各种食物如橘子汁等，省去了加工环节。在宽敞明亮的工厂里，工人穿着洁白的大褂，享受着舒适的空调，站在无菌生物反应器面前，轻轻按一下电钮，味道鲜美的橘子汁和其他食品就可以源源不断地流出，人们这时肯定非常惬意。

毫无疑问，生物技术革命将给农业带来巨大的发展潜力。有人乐观主义地估计，某些转基因农作物的产量将比其所替代的天然农作物高出数万倍，不但可以节约大量耕地，更可以解放劳动力。预计2020年将成为基因工程农作物发展转折年，到那时，转基因农作物

生态实验室

的耕种面积将超过天然农作物的耕种面积。百年之后，生物技术将使全球的食品供应呈现巨大富足，每个人都可以得到确保自身健康的任何食物。发达国家将可以获得"营养科学食品"，提供人们所期望的更高的营养价值，其他国家则重点生产"医药食品"，提供各种疫苗，以及能

够延年益寿的其他药物和营养成分。

生物学家正在设法往植物中插入更多的基因，重绘作物遗传蓝图，培育生产出改良食品、药物和化学产品的作物，使它们转变为生产化工产品和药品的"生物工厂"，包括培育产出塑料的作物、果实含有疫苗的作物、高含油量的大豆、有天然色彩的棉花等。未来"化工农业"、"药品农业"等新兴产业的出现，将改变传统意义上的农业概念。

随着材料科学和自动化技术的发展，未来食品工业的面貌还将发生重大改变。2100—2300 年，未来的"超级材料科学时代"可以合成能够满足某些特殊人群需求的食品；自动操纵纳米技术能够按人们的需求装配各种食品或复制食品；无菌生物反应器可以大量生产各种必需食品……农业高科技的迅猛发展已使这些不再是天方夜谭。面对这些琳琅满目、物美价廉、美味十足的食品，我们没有理由过于惊诧，人类所需要做的只是尽情地享受。

这一切正是生物农业献给人类最好的礼物。

第二节　海洋农业

根据世界粮食计划组织的报告，饥饿是全球首要的健康杀手，因饥饿死亡的人数相当于疟疾、艾滋病和肺结核等疾病致死人数的总和。农业是人类免遭饥荒的基础产业。面对主要自然资源的日益稀缺，如何对抗饥饿，满足日益增长的人口对粮食的需求，人类还面临着诸多挑战。

不久前，世界人口突破 70 亿大关，统计显示，到 2050 年全球人口将高达 95 亿。随着人口增长，陆地资源减少以及陆地开发空间的缩小，海洋作为全球生命支持系统的地位更加突出。开发占地球表面 70% 以上的海洋，已成为 21 世纪人类社会发展和资源可持续利用的重要方向。

经济学家预言：21 世纪将是海洋的世纪。最近几十年，世界进入了大规模开发利用海洋资源、发展海洋经济的新时期，海洋经济总产值以每 10 年翻一番的速度增长。"海洋水产生产农牧化"、"蓝色革命计划"和"海水农业"将构成未来海洋农业发展的主要方向。

"海洋水产生产农牧化"就是通过人为干涉，改造海洋环境，以创造经济生物生长发育所需的良好环境条件，开发"海洋牧场"，实现海洋水产农牧化。通过建立大量的育苗厂、养殖场、增殖站，进行人工育苗、养殖、增殖和放流，使海洋成为生产鱼、虾、贝、藻类的农牧场，在大洋中营造人工"绿洲"。

而直接利用海水灌溉农作物的"海水农业"，将开发沿岸带的盐碱地、沙漠和荒滩，使海水可以直接利用。科学家通过遗传基因改良，将耐海水和耐盐碱的野生植物改造成栽培品种；另一方面用基因工程和细胞工程技术以及常规育种技术将不耐海水的植物培育成耐海水植物和喜盐性的海生农作物。海水农业将使陆生植物"下海"，让陆生植物重返海洋。

可以预期，未来农业将发生蓝色革命，海洋种植和养殖将给人类贡献更多的食物。海洋不仅为人类提供鱼类食物，而且将成为人类未来除陆地之外的另一个巨大"粮仓"。

目前，人类对海洋的开发利用还很不充分，养殖渔业的产量在人类食物结构中的比重不大。有专家预测，到 2020 年，海产养殖的规模将超过开放水域商业性渔业的规模。此外，生物技术极有希望改变世界上某些鱼类枯竭的境况。克隆技术的突破性进展也使研究人员能够在生物反应器中复制鱼肉。

海水垂直农场

未来，海洋种植的技术终将被攻克，届时，经过处理的海水将成为最为惊人的农业资源，用以栽培生产各种各样的经济植物，而无需外加任何肥料与能量，人类的营养将可以从海洋中得以最完全的供给。这一用之不竭的巨大资源，必将掀起一场蓝色革命。

蓝色革命使许多土地得到解放的同时，海洋也将为未来提供新的生物能源。随着人类科学技术的飞速发展以及土地资源逐渐稀缺，世界海洋的开发和利用成为未来能源利用主要的趋势。以海藻为原料的第三代生物燃料，为生物能源的未来开拓了新的思路和前景。

据《卫报》报道，美国海军已经悄然用上了从转基因海藻中提取的油料。不久前，美国海军在一艘退役的驱逐舰上测试了2万加仑海藻油，并在全球最大的船运公司——马士基旗下一艘9万吨货柜船上测试了由美国海军提供的30吨海藻油，用以替代低级的船用重油以及柴油燃料。两次测试中，海藻油占7%～100%。美国海军计划在更多的舰船上进行海藻油测试，并打算在2020年之前将传统油料的消耗量减少50%。

听上去不错的海藻油来自地球上最古老的生命形式之一——海藻。

海藻的生长不占用土地和淡水这两大资源，只要有阳光和海水就能生长，甚至在废水和污水中也能生长。海藻生长的速度以天计，从生长到产油只需要两周左右。它的产油量也非常可观，即便使用目前已有的技术，每亩海藻能够制造出的燃料已是每亩玉米能够制造出的燃料的10倍多。一亩大豆一年下来约产油300千克，而一亩海藻至少能产油2～3吨。

当藻类制取的生物燃料成为替代能源时，人类将大大减少对自然界的破坏和攫取。

有理由相信，海洋农业作为极具优势的领域，未来将成为农业发展的一个突破口，并以科技化、创新化的姿态引领农业的发展。

如果说，陆地农业是迄今人类文明的基础，那么，海洋农业将成为未来海洋文明的基础。

第三节 立体农业

按照目前人口的增长速度，到2025年，全球人口将从现在的70亿增加到80亿。如何改进传统农业、增加食品生产，成为一个摆在人类面前的重要议题。当传统的土地已经难以挖掘更多潜力时，人们不由得将目光对准了空中。有科学家提出，可以将庄稼种到空中去——建造摩天大楼，令其变身为立体的垂直农场。

未来都市中的农业摩天大楼正宣告着另一场革命的到来。走进未来农业大楼，看不见土地却是满眼绿色。一棵棵绿油油的蔬菜整齐地"长"在管道上，白色的圆形立柱上伸出的每个小枝丫里都长着时令花卉，按比例配好的营养液，通过管道输送给植物根系，只需要给它点阳光，根本不用担心浇水、施肥。虽然大楼里悄无声息，不过当你侧耳倾听，上亿个细胞分裂的声音正演奏着一曲宏伟的交响曲；LED 灯下，成熟的水稻正垂下饱满的穗子；楼上，大块牛排和鸡胸脯肉在自动生产线上被包装成半成品送往冷库；而位于地下的总控制室内，一台超级计算机不知疲倦地打理着夜间的所有事务。

这幢为供应食物而建立的农业生产基地，在以太阳能为主能源的技术支持下，将实现完全的工产化栽培生产。可调化的供期，可控化的技术，最优化的环境，将为人类带来最高效的农产品。

根据科学家的构想，一座 30 层高的摩天大楼就可以为 5 万人提供必要的食品，包括水果、蔬菜、肉制品等。而且，这种方式可以降低能源成本。目前，美国、法国和以色列的科研人员都开始探索垂直农场这种新的农业种植方式。

最早提出垂直农场理念并使其具备理论操作性的是美国哥伦比亚大学的环境学家迪克森·戴斯珀米尔。戴斯珀米尔希望能够投资 2 亿美元，建造一座 30 层楼高的摩天大楼，种植和饲养足够 5 万人食用的水果、蔬菜以及小鸡，作物种类可以达到 100 种。按照他的估算，大约 150 个摩天大楼式垂直农场就能够提供纽约市区居民将近一年的食物。

就目前的科技水平而言，完成垂直农场计划的大多数技

天空农场

术已经具备。垂直农场将采用无土溶液栽培方式，并将污水转化成电力，大大降低能源成本，同时能够提供更多的食物。垂直农场还可以

将传统的农场解放出来，用来种植更多树木，从而减少大气中的二氧化碳含量，减缓全球变暖过程。而且，垂直农场本身就在都市，可以直接运往有需要的地方，从而节约运输成本，并减少运输带来的污染。

立体栽培

垂直农场的理想模式是：外形呈圆柱体，各楼层像筹码一样堆叠着。每层楼都是一片农地，并且有复杂的灌溉系统。所有农作物都会在受控制的环境下生长，并使用电子眼检验是否成熟，全年可以 365 天不间断地种植、收割。

按照设计，摩天大楼式垂直农场的主要能源来自顶楼太阳能板吸收的太阳能。此外，楼顶还可以安装风力风涡轮，和风车的原理一样，能为大楼提供风能。农场的另外一个重要电力来源，是将不可食用的植物颗粒（如玉米麸皮）变成燃料，植物废料先是被加工成粉末状，接着压缩成可全部烧掉的燃料颗粒。

在科学家看来，垂直农场不仅仅只是个农产品工厂，它还是一个改造城市基础设施令其模仿自然循环系统的宏观计划。按照环境学家戴斯珀米尔的构想，垂直农场底部的下水道可以提供这个农场最重要的资源：能源和水。整个城市的污水都可以流入这个垂直农场，其中一半进入一部被称作"泥炭"的机器，这部机器对其进行加压加热，将其分解成基本物质：碳和水。"泥炭"提取水和煤状的淤泥作为蒸汽机的动力用来发电。剩下的另一半污水通过消毒灭菌处理，再加上一个加热脱水的过程变成上层土。从这两个程序中提取的水都可以经过自然过滤方式，如利用斑马贻贝、香蒲等媒介进行过滤，从而用于农业灌溉，甚至可以继续净化过滤变成饮用水。

或许，垂直农场代表了人类农业的未来发展方向。目前，美国、法国和以色列都有了垂直农场的雏形。有理由相信，人们从市场上购买垂直农场生产的农产品已不是遥不可及的事了。

第四节 太空农业

当耕地不足以养活人类的时候，未来的人类不仅造起了宏伟的农业大楼，更把目光投向了遥远的星空。浩瀚的太空将成为人类耕耘的农场。

太空农业是继地球农业、海洋农业以后，以航天技术为基础，开发利用太空环境资源而开辟的一个崭新的农业领域。作为未来世界农业领域中最尖端的科学技术，太空农业有着十分诱人的广阔发展前景。未来的太空农业不限于空间诱变育种技术，而是利用卫星和空间站在太空环境下直接种植农作物。太空生产的农产品一部分用来解决太空工作人员的食物来源问题，一部分返回地球解决人类未来缺乏食物的危机。

太空农业与地球上的无土栽培不同，植物不能以小滴的形式吸收水分或养分。在失重的情况下，为防止液体流失，水分必须以水膜的形式才能被植物吸收。

随着空间技术的发展，人类进行太空农业的探索逐渐成为现实。20世纪60年代以来，俄罗斯宇航员在"礼炮"号和"和平"号空间站上曾播种过小麦、洋葱、兰花等；美国在太空试验室和航天飞机上也进行过种植松树、燕麦、绿豆的试验。科学家发现，在失重条件下，这些植物的生长不仅没有受到抑制，反而可以优质高产。俄罗斯1997年进行模拟太空蔬菜水培试验，成功地种出"月球生菜"、"宇宙胡萝卜"、"外太空番茄"等。同年，俄罗斯农业科学院和国家宇宙局在"和平号"太空站上的太空温室里试种的"太空小麦"又获成功。而美国、日本的科学家也在联合攻关，将甘薯种在航天器里，不仅可以补充舱内氧气，形成一个小小的生态循环密闭环境，还能让宇航员吃到新鲜食品。

据统计，美、俄两国在空间站和模拟太空环境的实验室里已先后培育出100多种太空植物，包括小麦、番茄、白菜、甜菜、甘蓝、萝卜、生莴苣、黄瓜、洋葱等农产品。

虽然，目前太空农业生产还处在试验阶段。但太空这一无菌、高洁净、高真空、微重力、强辐射的得天独厚的特殊环境，也是食品资源向新领域延伸的一个新舞台。

在未来的"新太空时代"，农业综合经营产业将有可能利用星际物质、运行的空间站以及其他星体上的各种资源，来制造人类各种必需品。持续的太阳辐射、农作物成熟周期的缩短和重复收获等将大大提高农作物的潜在产量。那时，太空与临近的星球也将成为人类进行无菌化生产农产品的主要基地，甚至可以在漂移的太空中建立太空农场，生产人类所需的食品，并通过舱体回收技术返回地球，实现空中栽培与太空运输。

未来，在地球周围的太空，也许就悬浮着无数这样的农场，太空利用接受的太阳能，转化成我们需要的各种食物，人类将重新定义"游牧生活"。

图书在版编目（CIP）数据

古今农业漫谈／林正同主编．—北京：中国农业
出版社，2012.8
ISBN 978-7-109-17112-1

Ⅰ.①古… Ⅱ.①林… Ⅲ.①农业–青年读物②农业
–少年读物 Ⅳ.①S-49

中国版本图书馆CIP数据核字（2012）第203017号

中国农业出版社出版
（北京市朝阳区农展馆北路2号）
（邮政编码 100125）
责任编辑 赵 刚

中国农业出版社印刷厂印刷 新华书店北京发行所发行
2012年10月第1版 2012年10月北京第1次印刷

开本：700mm×1000mm 1/16 印张：8.75
字数：122千字
定价：28.00元
（凡本版图书出现印刷、装订错误，请向出版社发行部调换）